走向上的路

石雷鹏——著

李尚龙——监制

民主与建设出版社
·北京·

序一
石雷鹏教会我的三个词

文／李尚龙

认识石雷鹏的时候，我刚从大学退学，去新东方教书。那时他已经在新东方任职了，可以说是我的前辈（但仅仅在长相方面像我的前辈），所有的老师私下都在议论：有一个老师，讲课好，又幽默，学术能力强，还是大学教授，就是长得有点……

一次，在教师休息室里，我认识了这位长得有点像宋小宝（他个人认为自己的帅气程度可以与吴彦祖画等号）的老师。后来，命运的齿轮就这么把我俩连起来了。

时间转瞬即逝，我已经认识他十多年了。

这十年，他于我亦师亦友，蹭了我不少资源，我更是在他身上学到了很多在别人身上学不到的东西。总结起来，其实是三个词：坚持、前卫、谦虚。

这三个词，如果有人能做到其中一条，就不至于被时代抛弃。

但石雷鹏厉害就厉害在这儿，从传统线下授课，到博客时代，到微信公众号时代，再到抖音时代，每个时代都有他的身影。

这是多么难得啊！

要知道当年我们线下讲课讲得最好的老师，已经有很多消失不见了。

石雷鹏依然在坚持，这么多年每天都在打磨自己的考研教材和上课风格，幽默随性的背后其实是对专业知识的自信。有段日子，你在任何时间打开手机，都能看到他在直播授课。

仅这一条就超过了许多老师，包括我。我就是因为受不了这样高强度的直播，所以放弃了当英语老师。还有，在石雷鹏的朋友圈里，可以看到他每天都在坚持跑步，可以说跑步和上课构成了他生活的主要内容。

石雷鹏很前卫。我第一次拍电影的时候，就找到了他。其他老师都拒绝了，只有他为了五百块钱演了我的戏，虽然只有三秒，但他多了一个"演员"身份。我曾给很多老师抛去橄榄枝请他们写书，也只有石雷鹏老师真的去写并出版了，而且销量还相当不错，可见他的执行力。

石雷鹏很爱自嘲。这并不是因为他自卑，而是因为他谦虚，只有骨子里绝对自信的人才有勇气这么"作践"自己。试问这样的老师，谁不喜欢呢？

这是我这么多年从他身上学到的。

认真做一件事，无论时代发生什么变化，依旧坚持；拥抱新鲜事物，永远走在时代的最前线；适当自嘲，让自己在所有人面前都保持谦虚。

这是多么好的品质啊！

现在，他在百忙之中写完了他的第二本书。

我已经认真读完他的书了，给了我全新的启发，我很喜欢，希望你也能像我一样喜欢这本书。

序二
如石如雷如鹏

文 / 宋方金

人与人，有四种关系。

一种是人上见。最常见的比如父母、亲戚之类的关系。同学关系也算，但毕业后大家就星散四方，个别同学成为朋友或闺密，也算长久的人上见。人上见的人，彼此都有殊胜因缘。

一种是事上见。最常见的比如同事或者合作伙伴。人行世上，多是事上见。事上见的人，往往事后就不大见了。一件事可知一个人。而人，大部分是经不起知的。

一种是场合上见。最常见的比如同行或者意见领袖，你经常能在某些场合遇见他，甚至也算熟悉，但回想起来，一句过心的话也没说过。场合上见的人，双方往往逢场作戏。

还有一种，是酒上见。典型的说法是，酒肉朋友。招之即来，挥之即去。酒上见的人，都是江湖儿女。但江湖儿女，日渐少。

我与石雷鹏，算哪种关系？你们一定猜不到，我们是四种关系的综合。

我跟石雷鹏，是朋友。我欣赏他的坦诚和幽默，他喜欢我的演讲和脱口秀。我常去他的直播间，他也常关注我的动态。我珍惜石雷鹏这样的朋友。朋友如风，常拂心头。

我跟石雷鹏，也曾"事上见"过。有一次我就某事求助于他，他把这件事当成他自己的事，现在想起来依然如坐春风。

我跟石雷鹏，也在"场合上见"过多次。这个场合，多是李尚龙的新书发布会。我们同台演讲，每次都是他打头阵，承担着热场的艰巨任务，接下来被我们后边的这些演讲者一一吐槽，而他再也没有了反驳的机会。他只笑笑，从不作答。

我跟石雷鹏，也在"酒上见"。石雷鹏喝酒，不做作，也不逞能，是一个难得的实事求是的酒肉朋友。这些年，大家都在提倡一种有效社交。所谓有效社交，也叫向上社交。我很反感这种提法。我认为人要多进行一些无效社交，无效社交才叫生活，有效社交那叫生存。我跟石雷鹏、李尚龙等，以朋友兼酒肉朋友的关系度过了无数充满欢声笑语的夜晚。那是我们生命的高光时刻。

回到石雷鹏的这本书，我读完后的评价：如石、如雷、如鹏。

如石，指的是石雷鹏在这本书里提出的都是他发自内心的思考。一本书，必须得有石头一样的内核。石雷鹏从自身经历出发，苦口婆心，想把自己知道的悉数告诉别人。

如雷，指的是书中遍布着春雷一样的金句。尼采说："谁终将声震人间，必长久深自缄默；谁终将点燃闪电，必长久如云漂泊。"不敢说本书声震人间，但至少可以声震你人生的某个瞬间。

如鹏，指的是这本书笔墨潇洒，大鹏展翅，神采飞扬。这神采，主要是由幽默感带来的。看这本书，你会不由自主地笑出来。

有一个冬夜，我进入石雷鹏的直播间，他穿着秋裤，端着一杯红酒，一会儿说自己是"纯洁的彦祖"，一会儿又问网友："有人说我像宋小宝，你们觉得我像吗？"他在这些笑谈中，把要讲的知识点巧妙地讲出来，不仅便于大家理解，更便于大家消化吸收。我想说的是，有这样一位朋友，即便是酒肉朋友也是一件美好的事情。人上见，事上见，场合上见，酒上见。人生，本就是一场又一场的相见啊！

"所有过往，皆为序章。"是啊是啊，是为序。

自序

比学历更重要的是学习力

文 / 石雷鹏

我是个相信读书和努力能改变命运的人。

我曾经无数次问过自己：如果我没有读高中、读本科、读研究生，现在的我是个什么样子呢？可能每天结束繁重的劳作后，回到家中，喝点小酒，刷个抖音，一天就这样过去了。

这样的日子，其实也不能说有什么不好，但如果一生都如此，我会觉得自己的生命中缺了些什么。

幸运的是，我很早就意识到一个道理：很多人能吃生活的苦，唯独吃不了读书的苦；生活的苦是消耗，读书的苦是沉淀，是重塑。后来，我又发现，那些喜爱读书的人，从来不觉得读书苦。相反，读书是乐趣，是成长，是一个灵魂触动另一个灵魂。

我经常跟自己的学生开玩笑说：身为一个考研英语辅导老师，我其实没有考过研，这是我职业生涯的"耻辱"。

之所以这么说，是因为我在大四的那一年被保送了研究生。我能被保送研究生，也不是因为我有多么厉害，而是学习成绩排名第一和第二的同学放弃了保送机会，于是这"泼天的幸运"就砸中了我。

我也经常跟自己的学生坦言，自己就读的本科和研究生学校并非 985，也非 211，但读研还是改变了我的命运，让我这个从农村底层出来的孩子凭借一己之力在北京站稳了脚跟，还当上了高校教师，也有了后来投身互联网教育的创业经历。

在这期间，我也找到了自己的人生伴侣，我的爱人是厦门大学的本科生，后来保送厦门大学的研究生。有时候，我也问自己：人家怎么就看上你了呢？

我想了想，除了我长得有点帅（脸红）这个客观原因之外，还有我虽然不是毕业于名校，至少也是个研究生。

当然，现在的我已深深地意识到，学历很重要，但比学历更重要的是学习力。

2022 年 2 月，作为创始团队核心成员的我，放弃了公司允诺的期权，从前公司裸辞。

之所以选择跳槽，主要是因为新公司的老板给了我前公司两倍的薪水。请允许我这么低俗，为了更好的生活，为了金钱，我放弃了自己曾付出无数心血和青春的公司。

当时的我，还专门发了一条推文，向关心我的同学和用户解释了原因：一般人看来，辞职可能是钱不对、人不对、事不对，三者之一或者之二，而我是三者都不对，所以就选择了离开。

如果一定要说其他原因，那就是：温水煮青蛙的日子让我无法忍受。

在前公司，因为不受待见，使得我工作缺乏激情，摆烂将近半年的时间，但长时间的摆烂后是无尽的空虚和无所事事的焦虑。

哲学家尼采说："每一个不曾起舞的日子，都是对生命的辜负。"那时的我，每每想到、看到或听到这句话，就找个地方使劲掐自己的大脸，甚至抽自己嘴巴，只为唤醒自己那颗安逸和摆烂的心。

就这样，经历了无数次打脸式的自我唤醒后，我终于下定决心走出舒适区，去拥抱新的变化。

2022 年和 2023 年是属于抖音的时代。幸运的是，我虽然到得不算早，但还是赶上了抖音的中场。

从未接触过直播带货的我，开始从幕后的产品交付（授课）

走向前台，成为销售，成为主播。

奋斗和开拓的日子无比劳累，但总算小有所成了。

在运营同学的协助下，我不仅开拓了抖音市场，还拓展了视频号、小红书、B站、快手等多个平台的自媒体账号。

虽然使出了吃奶的劲，但还是"没太多人"关注，目前粉丝量：微博324.5万、抖音103.5万、B站61.6万、小红书28.8万、快手9万、视频号4.4万、公众号148万。

听起来有点凡尔赛的感觉，但很惭愧，因为我经常吹嘘自己的粉丝不到1000万。写这篇文字时，我专门算了算，还真的不到1000万，如果除去各个平台重合的粉丝数，估计缩水更严重。

你看，这就是生活中的我，一个从底层一步步走到现在，依然在继续向上攀爬的我。

曾经有人问我："你为啥要写励志鸡汤文呢？"

我想了想，说："除了能拥有个励志畅销书作家的头衔和赚点版税之外，我觉得可以通过分享自己和身边牛人的故事，影响或改变年轻人，比单纯帮助他们考试得高分，考过四、六级，或考上研究生更有意义。"

带着这样的一份初心，我在工作之余完成了我的第二本书。

希望我的新书和书中的故事能带给你不错的心情，如果还能带给你一些前行的方向和力量，那就更好了。

是为序。

目录 / CONTENTS

1

第一章

青春活的不是年华，
而是心境

　　我们的青春容颜和身体终会在时间的流逝中老去，但真正让你老去的不是时间流逝，而是意志消沉，是颓废，是惶恐，是懒散和无节制的放纵。

不经历迷茫，何以谈人生

一

2008 年，我开始走上讲台当老师。到今天，一晃已有十几年了；这十几年中，我教过很多学生，他们形形色色，各有不同。

最早的一批学生是 80 后和 90 后。今天，课上的大部分学生已经是 00 后，还有很多是 05 后。

现在的我，也会经常感叹时光流逝，偶然认识一个年轻的新朋友时，脱口而出说："你们竟然都是 00 后了！"

虽然会这么说，但我一直认为：根据年龄来划分人群是无聊和无知的，因为每一代人都有自己的困境，也有自己的优势。

当老师的这些年，我发现一件很有意思的事：无论哪一批学生，青春年少时遇到的问题都很相似。

前些日子，有学生在微博上问我："老师，我很焦虑，该怎么办？"

我说：<mark>"战胜焦虑最有效的方法就是立即去做让你焦虑的事情。"</mark>

她秒回了一句："谢谢老师！"

然后，我打开她的微博，看了几眼，发现她的各种美颜自拍照中间夹杂着几条关于考研的微博。

于是，我评论说："你有焦虑的时间，就一定有听课学习的时间。作为考研的人，不要每天刷手机微博、微信、抖音了。"

后来，我又发了一连串的批评、质问和劝告。

再后来，我发现自己被拉黑了。

那一刻，我捏了捏自己的大脸，觉得很冤；又捏了捏自己的大脸，觉得也不冤，因为我只是在说教，没有给出具体可行的建议。

二

谁的青春不迷茫？别说青年人迷茫，就连中年人也迷茫啊！所以，<mark>焦虑和迷茫可能是我们生活的常态。</mark>

迷茫中的人，如何找寻自己的人生方向呢？

我问过身边很多厉害的人，结果发现，他们找寻人生方向的过程都不是一蹴而就的，而是不断地推倒重来。

就像经济学大师凯恩斯说的那样："每当事实发生了变化，我的想法也会随之变化。"

所以，在找寻人生方向的过程中，你也免不了要质问自己，然后在阅读、思考、学习、摔倒重来中，不断刷新认知，修正自己当初那个并不成熟的想法。

具体怎么做呢？先请你问自己四个问题：

我有什么？

我想要什么？

我不能舍弃什么？

我需要做些什么？

我这个人有点笨，经历也不算绚烂多彩，但经常思考这四个问题，让我有了收获和改变。

读本科时，我迷茫，作为一个来自农村的学生，不知道怎样在大城市立足。于是，在迷茫时，我选择好好锤炼专业技能，准备本科毕业后去当一个中学英语老师。

实习时，我又迷茫了，因为我发现中学老师的生活并不是我想要的。于是，我准备考研，以便以后有机会进入大学当老师。

后来，我被保送了研究生。读研时，我又迷茫了，因为没钱，又不好意思向父母伸手要钱，连请当时的女朋友吃饭的钱都拿不出来，很没面子，怎么办？于是，我边读书边在某辅导机构兼职，养活自己。

研究生毕业时，我想在二、三线城市找一份高校教师的工作，却屡屡碰壁，因为这些地方的工作机会需要有人脉关系，而我没有。我选择去北京碰碰运气，经过激烈竞聘，我进了高校。

在高校工作时，我又迷茫了，因为工作环境相对舒适，而闲得久了人就会废掉。我不想废掉，于是继续在外兼职，为了挣钱，也为了让自己忙碌起来。

再后来，地面培训机构招生开始萎缩，我讲授的班级从500多人逐步缩减到了50多人。看着这般趋势，我又迷茫了。于是，我杀入在线教育的赛道，通过网络，开辟了新的战场，接触、影响并改变了很多跟我一样曾经迷茫的年轻人。

后来，课讲得越来越好（最起码被大家认可了），我又开始迷茫了，因为我不想这辈子只做教英语这一件事。虽然这样的生活没有什么不好，但我希望能通过不断探索，看到生命的其他可能。于是，我选择用文字记录自己和身边人的成长感悟，写了《永远不要停下前进的脚步》这本书。

从一个迷茫，到另一个迷茫；从一个目标，到另一个目标，我用了十多年时间。不过，对比我们的百岁人生，这十年的迷茫、探索和投入都是值得的。

分享这些，不是为了炫耀，而是想告诉亲爱的你：不要慌，现实情况与目标有偏差是很正常的，你需要做的是在持续的努力中不断调整，一步步走好脚下的路，惊喜可能会从天而降。

三

如果你想不明白那四个问题，说明你迷茫得"病症"已经有点重了。接下来，推荐你使用下面这套稍复杂，但更系统的方法来找寻自己的人生方向。可以分为四个步骤：

1. 找到自己的内在驱动力（自驱力）

首先，什么叫内在驱动力？

享誉世界的瑞士心理学家卡尔·荣格认为：内驱力是在需要的基础上，产生的一种内部唤醒状态或紧张状态，表现为推动有机体活动，以达到满足需要的内部动力。

看完了上面的描述，你可能还是不懂，举个例子，什么是"优等生"？所谓"优等生"就是你会的，他要求自己会；你不会的，他也要求自己会；明明已经是第一了，他仍然要求自己努力。

这说明，他有内在驱动力。

找到了内在驱动力，其实就有了一个大致的人生方向，即使在前进的过程中发生了一些偏离，但最终仍然指向那个方向。

这里有个简单的方法，可以帮助你找到人生方向：

下面让我们看看这张图，里面提供了人生的多个选择（仅作示意）。

◆ 人生与选择

你需要从这些选择中，选出你最看重的三个。

例如，你选择的是事业、家庭和健康。这说明你希望有一份不错的事业，能够跟家人一起分享，并且保持健康的身体和心态。

接下来，你就要把更多的精力分配在这三件事情上，而其他事，能顾及就顾及，顾不上，你也不要有太多烦恼了。

因为我们每个人的精力都是有限的，当你百分之一百投入热爱的事情的时候，这件事情可能会成为你终生的事业和追求。而当你只愿意投入百分之三十，甚至百分之二十的精力时，有可能也做得不错，但肯定没办法和那些百分之一百投入的相比。

也就是说，找到内驱力，就找到了人生的大方向。

接下来，我们就可以进一步认识自己，确定职业上的方向。

2. 认识自我，确定职业方向

如果你比较看重事业、金钱，那么在职业方向选择这块，你自然就不会考虑很闲很轻松的职业，而是优先考虑压力较大，能够在极短时间内给自己带来高收入的职业。

大家在考虑自己的职业方向的时候，也可以先判断自己的性格类型，找到自己的优势；然后再结合自己的优势、目前的市场大环境、行业和岗位的发展前景来进行选择。

3. 确立目标，制订计划

通过以上两点，我想你或多或少对自己未来的方向已经有了一定的认知，但这并不代表我们已经打破迷茫，毕竟"知道"和"会"

是两个概念。接下来，你该怎样科学地、一步一步地实现自己的目标呢？

（1）找到自己人生的长期目标。我发现，在我所认识的那些年纪轻轻就取得非凡成就的人当中，没有一个人是没有长期规划和目标的。

他们也许刚入职场的时候并不那么出彩，但是一旦确立自己的人生目标，就好像开了挂一样，挡都挡不住。

我们选择了人生中最重要的几项事情，其实就是我们制订长期目标的依据。

例如：想要事业有成，我会为自己制订一个十年计划，明确十年后取得什么样的成就。

然后，根据这个计划，来确定自己每个阶段需要学习哪些知识和技能，并为此做好充分的准备。

（2）为自己制订科学的阶段计划。毕业几年来，我每年都会为自己制订一个年度计划，而且几乎都完成了。

这并不是因为自己很厉害，而是制订的计划，其实是科学的数据分析的结果。

举个例子，如果你的工作刚刚转正，每年到手的收入是10万元，现在要制订明年的计划：收入100万元。有没有可能实现呢?

当然有可能,但概率恐怕很低,这样的目标制定方法,显然是不够科学和理性的。

那么,如何科学制订计划呢?

首先,你需要对一年的工作任务进行复盘,复盘的目的是方便你更深入地了解自己,知道自己过去一年有哪些地方做得比较优秀,哪些地方还有缺陷。

其次,在这个基础之上,你再为自己制订相应的学习计划和工作计划,切记一定要依据过去的表现制订计划。

最后,计划的制订需要进行量化。明年要提升业务能力、要提升收入,事实上并不是可量化的指标。

我们还需要进一步分解,把提升业务能力量化为:

a.看完 10 本跟自己工作相关的专业书籍,并对每本书写不少于 2000 字的读书笔记;

b.参加三次线上、线下的专业培训课程。

完成量化后,我们还需要来确定一个验收指标,怎么样确定自己的专业能力提升了?这个时候就需要在年底重新复盘,总结得失,然后不断循环。

4.通过正向反馈，不断努力

"正向反馈"这个词，其他人已经提了很多次，我就不赘述了。

总之就是，当我们把大目标拆分后，通过完成小目标，实现小进步，不断收获正向反馈，从而让自己不断走下去。就好像打游戏，在享受游戏的快乐时，一不小心就通了关。

这个时代变化和迭代太快，快到我们今天习以为常的铁饭碗，几年后就可能变成夕阳产业。

随着现代社会的信息爆炸，选择也越来越多，这就导致了在诸多选择当中，我们应该选择什么，应该走哪条路，事实上很难看清楚。

高中毕业的时候，需要在几百个大学中挑选出适合自己的；大学里，需要考虑毕业后的去向，读研还是工作？读研是读本专业还是跨专业？

就业时，选择什么岗位？什么城市？什么行业？什么公司……

工作以后，选择更多，迷茫也更多。就职的单位或公司待遇一般，但是对个人成长有利，是否应该跳槽？自己的本职工作没意思，一眼就能望到头，是否还要继续坚持？父母让我回老家，可自己还年轻，还想在外面闯荡几年，应该怎么办？在互联网行业，虽然工资不错，但是谁也不敢保证中年危机什么时候来，是否要继续，还是寻求更好的选择呢……

迷茫贯穿人生始终，最重要的是要找到自己的方向。

早知今日，何必当初

去北大口腔医院种牙，一些杂感写下来，记录给自己，分享给大家!

一

这颗牙很多年前就掉了。之前没医治，除了轻敌马虎，觉得没啥大事，还因为没钱，毕竟种牙是需要一大笔银子的。就这样一直拖着，拖到了现在才抽出时间去种牙。

挂了主任医师的专家号，略贵，但心里踏实。这位医生是位老先生，我特喜欢，因为我发现他人老心不老，虽然贵为博导，但还坚持每天学英语，厉害吧?

上次去医院预约时，我问护士："手术大概需要多长时间?"

年轻的护士说："二三十分钟就完事。"

我当时想，原来种牙这么简单。

于是，中午，我顶着烈日，背着小包，带着预约单和要求提供的各种检查单，奔赴西什库大街北大口腔医院的第一门诊部。

因为想到手术后可能暂时不能吃东西，我提前在便利店买了两个包子（非韭菜馅，熏人不礼貌），进医院前，先站在街边的阴凉处啃完！

还好医院的人也不多，我预约的是 13：00，也就是下午的第一位。

13：00 刚过，在三楼等候的我，看到手术室的门开了，便赶紧走向前，护士让我填写了三份告知书后，给我穿了件手术用的病人服，进行了口腔和面部消毒。

她还问我："对酒精过敏吗？"

我说："白酒能喝一斤。"

她说："没问你酒量，问的是用酒精擦拭口腔和皮肤，过敏吗？"

我赶紧说："应该没事。"

然后用纱布蒙住我的脑袋、身子，只露了一张嘴和一口白牙在外面。

我从小很少生病，打针也不多。所以，今天打麻药时，竟然在丝丝恐慌中有了些许小期待。

老先生的身手很麻利，又不失温暖，他细声细语地告知我："打麻药时会疼，但也只是一点点疼。"

我问："是全麻，还是局部麻醉？"

他说："局部。"

我想了想，安慰自己：打了麻药就不疼了。

二

在种牙手术过程中，我还是有些恐慌，因为前不久刚冒险尝试了一次无痛胃镜检查（预约无痛胃镜需要等的时间太长了）。不得不说，做无痛胃镜的过程很难受，还得硬撑下来，下次再也不想做了。

经历过无痛胃镜的惨痛，心理上做了最糟糕的打算，这使得种牙过程的不适感反而没有那么强烈了。

手术期间，我一直睁着眼睛看着蒙在脑袋上的纱布，用心感受，细心体验，虽然无法全部知晓大夫在我的"血盆大口"上具体用了什么工具，进行了什么样的操作。

或许是因为麻药的作用，确实没有太强烈的疼痛感，而且脑子始终是清醒的，我听到了电钻的声音在耳畔响起，还有固定螺丝的机器在转动，护士在旁边拿着电动的吸管，把手术过程中的血水和杂物吸走。

手术过程中，有那么一刻，我深感自责：很多时候，大的健康问题，都是从小毛病积累演化而来的。前一阵，猛吃冰棍，猛喝酒，猛熬夜，结果胃肠疾病冒了出来；更远些时候，牙齿出现了轻微的龋齿时，也觉得没啥大碍，之后越发严重，直至脱落，再到今天经受电钻在牙上打孔、镶钢钉的痛苦，遭遇身体、精神、时间和金钱上的多重损失，这是多么不值得的事情啊！

三

我将这几点感触，写出来吧。

第一，注重细节，防微杜渐，治疗的花销远高于预防的成本。

生活如此，成长也不例外。身体健康和个人学习，何其相似！你的一天怎么过，一生就怎么过；你一天天不注重健康的细节，时间久了，身体就会出大问题；你一天天放纵自己，不懂得约束自己的负面情绪，不在想放弃的边缘逼自己坐下来继续看书、听课、学习，时间久了，你距离目标只会越来越远。

我是个老师，我自以为这个道理我懂，但我还是狭隘了，因为我也只是以为自己懂了，但懂得道理和开始行动之间，有很长的路要走。

没有行动力的道理，就是自欺欺人。

第二，不能用自己的无知，去臆想别人的专业。

初时，我以为这次手术的二十来分钟就是种牙的全部过程。结果，一张嘴，一照镜子，才知道这次手术只是镶了一颗钉子在牙床上。我上网一搜，傻了，这只是开始，一共需要六个步骤才能完成。

我的学生中也有学口腔科的研究生，他们嘲笑我说："傻了吧？还以为一次就能种植完成？种牙是个技术活，比您背诵英语作文的'七步法'要复杂多了。"

居然还有学生敢嘲笑我？我想了想，算了，服个软吧！

第三，做最坏的打算，然后去勇敢面对。

经历过无痛胃镜的辛酸，所以这次，我在心理上做了最坏的预期，手术前告诉自己："无论多疼，都要顶住。"

或许不是不难受，而是难受程度比预期要轻，所以疼痛感反而没那么强烈。

同理，如果你考研，把考研所有可能遇到的困难都考虑到，做了最坏的打算，然后去勇敢面对，并尽自己的最大努力，一切结果，或好或坏，就都可以坦然接受了。

第四，保持健康，多挣钱，才是硬道理。

金钱买不了绝对的健康，但金钱在你的身体出问题时，可以让你有更好的选择。

先前牙掉了，不是不知道种牙是最佳选择，但打听了一下，价格不菲。如果要拿半年的工资去种一颗牙，一般人都会掂量掂量。

以多挣点钱为目标，并不是丢人的事，只要挣钱渠道正规合法。有了钱，才能享受更好的生活品质、更好的医疗条件、更好的教育资源。

财务不自由的人，当然也可以享受精神追求；实现了财务自由的人，自然也可以更洒脱地享受精神追求。

第五，别嘚瑟，很多事，都有翻转的可能。

当时，仰卧在牙椅上的我想："如果今天给我进行种牙手术的是我的学生，该有多好！一方面，我们初见时，我能享受一下学生见到老师时点头哈腰的客气；另一方面，我还能跟学生调侃几句，活跃一下手术前的气氛，放松放松心情。"

但转念又一想："我平时调侃学生太多，如果真的是自己的学生给我做手术，会不会捏着我的大脸，消遣我说：'没想到吧，你也有今天？'"

这种可能性，真的无法排除。

身家上亿的朋友突然抑郁了

一

某年的国庆节和中秋节重合在了一起，而且貌似这一天也是个黄道吉日，因为我看到小区里有好几对结婚的新人，很是热闹。

同时，我还得知自己一个特别厉害的朋友得了重度抑郁。这位朋友，性别男。

几年前，他亲手砸掉了自己研究所（体制内的）旱涝保收的铁饭碗，带着老婆从一线城市杀回了老家的四线城市。

记得刚听说他辞职回家时，我还专门打电话问他："怎么突然想离开北京了？北京难道不好吗？"

他说："北京虽然有天安门、CBD、三里屯、鸟巢和水立方，但这些都不是我的。"

我问："那你想要的是什么？"

他答："梦想！"

　　我说："北京也可以实现梦想，而且创业成功的可能性更大，毕竟机会多，牛人多，虽然竞争也激烈。"

　　他说："我连个北京户口都没有，也不知道要留恋什么。"

　　我说："北京户口有那么重要吗？你想要的话，我把我的送给你。"

　　他说："你别扯淡了。"

　　我说："你也别扯淡了，快跟我说，究竟为啥要辞职回老家创业？"

　　他说："两个原因。一是我最近搞了个专利，但我所就职的单位太黑了，给提供的专利买断费和我自己预期的相差太多，我不甘心。我觉得如果自己搞个工厂生产，能赚更多钱。当然，这还不是我辞职回家创业的主要原因。"

　　我问："哦，这个就有意思了。那么，主要原因是什么呢？"

　　他在电话那头接着说："受之前单位的委派，我去跟一个项目，资方的老板是个暴发户，素质低，没文化，满嘴脏话，还不懂得尊重别人。这个项目跟了不到三个月，我就抑郁了。如果让我这辈子就在这种人面前点头哈腰装孙子，还不如去死。好几个夜晚，我都睡不着，我在想，这样的人都能成功，我为啥不能？"

二

就这样，他带着新婚的妻子，结束了北漂的生活，回到家乡租用了村南的一片荒废的工厂，从银行贷了款，开始了九死一生的创业。

和几乎所有的创业者一样，他经历过捞到第一桶金的欣喜，经历过推倒重来的失败，同样经历过命悬一线的重重危机，但他依然说自己是幸运的，因为即便经历了九十九次危机，也还是得到了一线生机。

去年过年回家再见他时，听闻他已经是身家上亿的企业家。像我这样的穷人，也曾听说过一种说法：富人对于身家并无具体概念，只是一个数字而已。

他听说我也在创业，只是赛道不同。他在化工材料领域，而我是在在线教育和文创领域。这次，他主动邀请我去喝茶，顺便聊会儿天。

我说："我们的领域差别还挺大，好像也没啥好聊的。"

他说："我就喜欢跟不同领域的牛人聊天，尤其是你们这些还在一线大城市的人，感觉你们就是信息窗口，不多跟外面的人聊天，自己就落伍了。"

我一想，他还是这么能说会道，这一顿夸，说得我好像站在世界前沿一样。于是，我欣然前往。

当然，我也不傻，不会被别人一夸就找不到北。这次，我还带了小本本，准备听他就自己的创业经历进行一番高谈阔论。谁承想，他几句话就轻描淡写地把过往的辉煌一带而过，反而着墨重点谈论起他最近的抑郁倾向。

我问："是因为疫情导致工厂停工，效益受损吗？"

他说："疫情对我们有影响，但没有决定性影响，最起码目前看，还是个好事。"

我说："那你抑郁什么？听说很多企业家名义上有很多钱，但实际上很缺钱。你不会跟我说自己是因为缺钱才抑郁的吧？"

他说："我不缺钱。坦诚讲，咱根儿上也就是个农民，混到今天能不愁吃、不愁住、不愁玩、不愁钱，我已经很知足了。"

我说："那你抑郁什么呢？"

他说："以前觉得过这样的日子就是我的目标，充满了奋斗的力量，但过了一段这样的日子以后，感觉越来越茫然，好似生活遇到了无法逾越的障碍。半夜会突然醒来，就睡不着了，因为不知道自己该干吗，感觉失去了目标和继续奋斗下去的意义。甚至，抑郁症状严重时还去看过医生。"

说实话，这样的感受，我以前在很多名人传记之类的书中都读到过，但当这样的话从一个坐在自己对面的熟人嘴里说出来时，我既感觉在情理之中，同时也有一些震撼。

有大把大把的钞票，当然很好，因为物质财富是人之所向，但真正的财富绝不仅限于物质，甚至可以说，精神财富才是唯一的真正财富——The wealth of the mind is the only true wealth.

好在这次再见时，我的这位哥们儿，最终在抑郁中找到了自己下一步努力的方向：不只为了赚更多钱，他还要把产品供应链上游的市场打通；同时，吸引更多科研方面比自己还厉害的人加入，力争摆脱某些产品纯粹依靠高价从国外进口的窘迫。

虽然我记不住他说的一长串化学产品的名字，但我看到了他的眼睛在闪闪发光。

那一刻，我突然明白，人生在世，无论贫穷还是富有，能活得精力充沛、干劲十足的，一定是为目标和梦想而活的。

三

日本作家东野圭吾在《解忧杂货店》中写道："你的地图是一张白纸，所以即使想决定目的地，也不知道路在哪里……可是换个角度来看，正因为是一张白纸，才可以随心所欲地描绘地图，一切全在你自己。对你来说，一切都是自由的，在你面前是无限的可能。"

没钱时，如果因为贫穷而抑郁，请努力凭本事挣钱，让自己和自己在意的人有条件去享受更好的生活，这也是脚踏实地的梦想和目标。

没能力时，如果你因为心有余而力不足而抑郁，请你玩命努力学本事，打磨出一技之长，为将来不在人前低头而奋斗，也是平凡但不失伟大的梦想和目标。

有能力又有钱时，如果你因为心无所向而抑郁，请选择"达则兼济天下"，去做更大的事，去改变社会，造福更多人，是伟大无私的梦想和目标。

最后，我说一句：如果你没钱、没能力、没梦想、没目标，你也别抑郁，因为你不配。

"立即行动"这四个字，才是你的最优解。

如果你每天抱着手机，刷着抖音，傻傻地坐等金钱，梦想能够照到你的身上吗？你也不想想，你不抬头看天，连手都懒得伸，机会从天而降时，你又凭什么接得住？

青春活的不是年华，而是心境

一

2019 年的秋天，我去北大口腔医院看牙，挂了个主任医师的专家号。检查完后，老先生为了方便患者预约后面的种牙并及时反馈病情，让包括我在内的所有患者都加了他的微信。

坦诚讲，能有像他这样的教授、博导、专家的微信，于我而言，简直是上辈子修来的福分。

我带着好奇心，迅速翻看了这位"大牛"的朋友圈，发现老先生每天都在打卡学习英文。那一刻，感觉相形见绌。想到自己这么年轻，已经好几天没有看书学习时，我默默举起了自己的小手，狠狠地捏了捏自己的大脸。

老先生贵为博导、教授、专家，但依然在坚持学习、提升自我，我问自己："你算个啥？你有脸不努力吗？"

有的人，豆蔻年华但心态老矣！有的人，虽步入暮年，奋进之心不减。

　　我的本科和研究生读的都是英文专业，因此很早就学习过塞缪尔·厄尔曼的一篇散文——《青春》（*Youth*）。

　　在这篇他最著名的散文中，塞缪尔·厄尔曼对"青春"和"老迈"有过精彩的论述。节选部分如下：

Youth is not a time of life; it is a state of mind.

It is not a matter of rosy cheeks, red lips and supple knees.

It is a matter of the will, a quality of the imagination, a vigor of the emotions.

It is the freshness of the deep springs of life. Youth means a temperamental predominance of courage over timidity, of the appetite for adventure over the love of ease.

This often exists in a man of sixty more than a boy of twenty.

Nobody grows old merely by a number of years.

We grow old by deserting our ideals.Years may wrinkle the skin, but to give up enthusiasm wrinkles the soul.

　　……

王佐良先生将之译为：

青春不是年华，而是心境。

青春不是桃面、丹唇、柔膝，而是深沉的意志、恢宏的想象、炙热的感情。

青春是生命的深泉在涌流。

青春气贯长虹，勇锐盖过怯弱，进取压倒苟安。如此锐气，二十后生而有之，六旬男子则更多见。

年岁有加，并非垂老，理想丢弃，方堕暮年。

……

如果你没读懂英文或汉语，记得多读几遍，细细品味这些优美文字的同时，更重要的是理解字里行间所传递的深刻思想。

二

我还想起了之前我在大学工作时的一位校领导，他姓罗，当时是主管教学的副校长。

最开始对这位大神一样的人物印象深刻的，是他在全校教职工大会上幽默风趣的讲话。

我这个人，有点沉闷内向甚至木讷，所以无比钦慕和向往那些讲话滔滔不绝，既有干货内容又能让听众哈哈大笑的讲演者。

再后来，得以近距离接触这位大神，是他来参加全校英语教师教学座谈会。记得那天他笑呵呵地分享自己失恋的过往：他说自己读大学时，因为英语不好，前女友嫌弃他，在考四级的前几天跟他分手，导致他四级没过，成了很大的遗憾。

他的普通话并不标准，略带陕西地方口音，但讲得声情并茂，将"失恋"这一"事故"讲成了幽默"故事"的他，用独有的风格把参与研讨的听众和老师们都给逗笑了。

当时，我就低头跟旁边的一位同事悄悄讲："哇哦！这个校长太牛了。"

同事问我："牛在什么地方？"

我说："轻描淡写的几句话，就把英语学习的重要性用如此不拘一格的方式讲了出来。用自己失恋的遭遇，瞬间将高高在上的领导形象拉低变弱，让参会的老师们与他之间的距离感消失了。"

那天的教研会上，领导和其他老师也讲了很多，但我早已忘得一干二净，能清楚记住的也只有他讲的这个段子。

一个星期后的某天上午，正在教室讲课的我，突然看到一个老头从后门蹿进了教室。定睛一看，居然有点眼熟，再一想："天哪！这不是前几天刚见过的副校长吗？也不提前打个招呼，直接推门进来就听课了。好歹让我有个准备呀！"

还好那天我洗了个头，形象上不是很邋遢。课呢？虽然说不上讲得精彩，但也不算差，更关键的是我有心机，因为我猜想这个领导可能也喜欢听段子吧。于是，我在讲解课文知识点时，顺带讲了几个段子来活跃气氛，把听课的学生和他都给逗乐了。

那天两个小时的课，他听了前一个小时，课间休息时起身离开了，还笑嘻嘻地说了声："Very good!"

我本想礼貌性回复，说一句："So many thanks for your appreciation." 结果，我话没说完，他已经飞奔出教室。

看着大领导离开的背影，我高兴坏了，像卸去了压在心口的一块大石头，跟讲台下听课的学生说："可算走了，搞得我好紧张。"

好几个学生诧异地看着我，说："您紧张了吗？没看出来，感觉有领导来，您好像更兴奋了。"

我说："是真紧张呀，表面那些所谓的镇定全是装的。感谢你们的配合，在我段子还没讲完的时候，你们就开始笑了……"

一个学生 L 问："老师，您知道校长为啥来听您的课吗？"

我说："估计是听说我长得帅吧！"

L 说："您别自恋了，就您长成这样，谁愿意来听您讲课呀？"

我说："那我就找不到其他可以讲得通的理由了。"

L 接着说："昨天学校开了学生学习座谈会，今天来听课的校长也参加了，校长问我们有什么意见。"

我说："你咋说的？"

L 说："我就开始吹嘘您，说您课讲得可好了，这辈子没见过讲课这么好的老师。"

我问："然后呢？"

L 说："然后，他说今天要来听听课。"

听完 L 说的话，我立即抄起一本书假装要打他的样子，"愤怒"地批评他："以后，像这种不切实际的表扬，不仅可以继续，还要更多一些才好。"

后来，听说他听完课之后，还给我所在的学院院长打了电话，表扬了我几句，说我是个活泼可爱、受学生爱戴的青年教师，还邀请我去给全校更多青年教师做课堂展示。

想想要面对更多同辈青年才俊，在一堆高人面前卖弄，压力还是很大很大的。准备课堂展示的那些天，我过得心惊胆战，夜不能寐，虽然心里没底，但依然全力以赴。熬过之后，自己也成长了很多。

他还通过院长要到了我的微信，大领导主动翻了我这个青年教师、普通员工的牌子。当时的我，几分惊喜之余，也犹豫了好久："加还是不加？不加，以后领导会不会给我穿小鞋？加了，领导问我问题，我答不上来怎么办？"

最后一咬牙，还是加了个好友，但我还是很有心机的，在加好友之前，把朋友圈里不能让领导看到的内容都删除了，不愿意删的，就设置了分组，只留下了看上去积极阳光的内容。

我这样小心翼翼地树立自己的正面形象时，想的是："领导看到我如此积极、热爱工作的样子，保不准一激动就提拔我，给我机会或给我涨工资。"

结果，两个月后，我在校园网上看到了他调任另一所高校并升任校长的新闻。那天，第一次打开了他的朋友圈。我惊呆了：每天早上6点左右打卡，雷打不动地学习英语。

再后来，我听到跟他熟识的人说："罗校长是个超级勤奋、超级热爱学习、超级热爱生活的人。他每天都会早起到办公室听英语新闻、读机械类英文原版资料和论文，之前他还在欧洲多个国家交流学习过几年，跟外国人进行学术沟通都没啥问题……"

再后来，我看到他在朋友圈里发过一篇类似自传的文章来鼓励大家靠努力改变命运。他说自己当年是初中毕业后考了中专，因此没读过高中，当然也错过了系统学外语的关键三年。他们那一辈人之中，能考上中专的，也是千里挑一的拔尖人才，但很多人也止步于中专学历，成为那个时代和自己人生最大的遗憾。

他还说自己是幸运的，因为他中专毕业后，选择了继续求学读了大专，之后又在北京航空航天大学完成了本科、硕士和博士研究生的学习。取得博士学位后，他又进入大学任教，从一个受学生爱戴的老师，成长为系主任、院长、副校长、校长。人生几十年，一路坦途。

三

很多人说，体制内的工作就像温水煮青蛙，安逸的环境会让身处其中的人在不知不觉中丧失斗志。

这种说法，或许是部分事实，但我更想说的是：别用什么体制内或体制外的说辞，来掩盖自己低质量的勤奋和思想上的懒惰。体制内与体制外，当然有差别，但决定你是否优秀、是否脱颖而出的，一定不是环境，而是你的选择和行动。

有的人，年纪轻轻，选择过的是一天到晚混吃等死的生活。这样的年轻人，即使年方二十，青春年少，心理上也早已是老态龙钟。

有的人，努力几天后没看到回报，就选择了放弃，他们用自己持续的失败，印证了一个道理：间歇性努力的人往往持续性一事无成。

有的人，即便步入了中老年，也从未停下前进的脚步，他们把生命中的每一天都过得无比年轻。

我们的青春容颜和身体终会在时间的流逝中老去，但真正让你老去的不是时间流逝，而是意志消沉，是颓废，是惶恐，是懒散和无节制的放纵。

努力是一种生活态度，与年龄无关。无论什么时候，真正能激励你、温暖你、感动你的，都不是心灵鸡汤，也不是励志故事，而是你充满正能量和努力的每一天。

四

写到这里时，我也想到了生活中一些令人生厌的人，他们一辈子也没做出能拿得出手的事，却仗着自己的一大把年纪倚老卖老，动辄就以自己年长别人几岁为理由，对年轻的后生晚辈指指点点。

殊不知，这样的人其实更可恶，不仅人老，心更老，身为即将或已经被时代淘汰的人而不自知。

有时，我会从夜晚的噩梦中惊醒，就是怕自己以后老了也成为这样的人。所以，我立志将来等我一大把年纪时，除非得了老年痴呆，否则一定会时刻告诫自己："It's not the years in your life that count. It is the life in your years."（重要的不是你活了多少年，而是你活出的生命有多少分量。）

哦，这句话不是我说的，是一百多年前的一个美国人讲的，他的名字叫亚伯拉罕·林肯，美利坚合众国第十六任总统。

在迷茫中选择内心的坚定

一

开始写这个故事时，我正在跟故事的男主角一起捏脚。你可能要问："都年纪轻轻，捏啥脚？"

事情是这样的，我到温州做新书签售活动前，先去浙江安防职业技术学院做演讲和分享。之后，驱车到温州大学城，渠道方的小哥哥指着旁边的青山说："这座山叫大罗山，有兴趣爬吗？"

我说："没兴趣。"

他说："你是不是岁数大爬不动了？"

我抬头望山，山并不高，便底气十足地说："你才岁数大呢，谁怕谁？爬就爬，谁不爬到山顶谁是狗。"

于是，我们连行李都没有来得及放在酒店，就在导航的指引下，穿过若干个小街巷，来到大罗山五美景园。

景区在修缮，人不多。除了我和渠道方的几个小伙伴，路上也只遇到了一对牵手慢爬的情侣。

二

山林葱郁，流水潺潺，景色宜人。我和渠道方的小哥哥拾级而上，走走停停，开始了一路的闲聊。

聊了几句后，我得知：渠道方小哥哥从事的是馆配工作，他们的业务占整个市场将近3/4的份额，很厉害吧！他们的服务对象是各类图书馆，主要工作是给图书馆配送图书，设置分类及其他辅助事项。小哥哥1993年出生，27岁时就成为大区总监。

对于如此优秀的小哥哥，身为“中年滞销书作家”的我，自然不会放过挖掘励志故事素材的机会。于是，我问：“你是哪个学校的研究生？”

他腼腆中透着自信，笑着说：“惭愧呀，我没读研。”

我又问：“那你本科是哪个学校毕业的？”

他又笑了笑，说：“我专科毕业后就工作了。”

我的好奇心更大了：专科毕业，短短几年，成为大区总监，到底有什么过人之处呢？

他边笑边说："如果说特别，可能是我的经历比同龄人特殊一些吧。"

我说："哦？能举个例子吗？"

他说："比如，读大一时，别人都在玩，我就开始思考自己将来到底想做什么，怎么才能实现自己的目标。"

我问："结果呢？"

他说："结果一直没想明白。"

我说："这算什么特别？"

他说："因为没想明白，毕业前夕我去了深圳实习，想让自己多见见世面，说不定就能想明白自己想干什么了。"

我问："去哪里实习了？"

他说："我一不小心去了一个很特殊的地方。"

我问："是什么？"

他停下脚步，似笑非笑，说了一句："我被网友忽悠误入了传销组织。"

我心里一惊，心想：一般人对传销的印象都是坑蒙拐骗，有人在传销组织中致残甚至丢了性命。

我说："误入传销组织，不怕吗？"

他说："当然怕了。进去的时候可能被网友洗脑了，觉得可以挣大钱，反而不害怕。真正明白自己进行传销的那一刻真的害怕了。"

我问："那如何识别传销呢？"

他说："传销就是给你各种洗脑，但没实际回报；要求缴费才能加入，并且以吸引多少人加入为业绩。"

他接着说："我们每天上午 5 点起床，雷打不动，刮风下雨天也不停，晚上 10 点之前就睡。吃的饭主要是白菜豆腐，两个月，我瘦了 12 斤。"

我笑了笑，问："除了这些，还有其他洗脑的方式吗？"

他说："他们还对每个新成员进行三对一洗脑。简单讲，就是三个人从不同侧面讲述自己的老大是多么厉害，而且在老大的精神感召下，他们也变得更积极、更自信，如果你想和他们一样就要交钱。

"事实上，他们每次给我洗脑时，我都在语言和行动上配合着他们，但我内心却在思考用什么方法破解他们的套路。

"记得有一次，我还穿着女人的裙子，戴着假发，在公交车上做了个演讲。"

我问："后来呢？"

他说："后来我被售票员当不正常人类给轰下车了。"

我问："演讲主题是什么？"

他说："卖保健品，宣称包治百病，实际上顶多能增强点免疫力。"

我说："这帮家伙太可恶了。"

他点点头，说："是，我也觉得这帮家伙太可恶了。所以，我离开后，就到公安机关把他们举报了。"

三

爬到山顶时，已接近傍晚。远眺红日落下烧红了天边的云，景色蔚为壮观。

山顶的风很大，我们拍了几张照，就赶紧下山了，因为爬了一路，汗水早已浸透衣背，不赶紧下山就有感冒的风险。

天色渐渐暗沉下来，因为没有路灯，我们便掏出了手机，用手机的手电筒照着蜿蜒的石阶，原路返回。

我说："再讲讲你走出传销组织之后的故事吧。"

"后来我毕业，求职遇到了现在的这家公司，做了销售。"

"刚入职的时候被上司骂过吗？"

"当然了，一开始，每次我做出一个策划或方案，总感觉上司故意找碴，挑三拣四。"

"后来呢？"

"我的心理素质还算好，每次被骂，我就暗下决心，下次不能犯同样的错误。后来，出错越来越少，就不再被骂了。"

"你还是成熟且理性的。很多刚入职场的新人被上司骂时，就只会心情郁闷，情绪化。上司说话的方式可能有点问题，但有时领导真的在谈问题，他却一直在闹情绪。"

"是呀，成年人，早就该戒掉情绪。"

"那你又是怎么这么快做到大区总监的呢？"

"一开始进步快，是因为领导骂的多。为了不被骂，就得想尽一切办法不出错。之后，不仅不出错，还能超预期完成，自信心就慢慢积累起来了。所以，用了不到两年的时间，我的销售业绩就进入头部了。更幸运的是，机会砸到了我头上，我上司因为生孩子暂时没法管理她手上的对口业务，而当时有能力接下她手头上所有工作的，只有我一个。所以，我就顺理成章地晋升到了更高一级的位置上了，后来高层又经过组织结构调整，我就成大区总监了。"

"那你现在是不是很有成就感？觉得自己特厉害？"

"哪有呀？我能得到这个机会，还因为在这个过程中，很多跟我同样优秀的人选择了跳槽离开，这个职位我也是熬到手的。"

"那你现在还困惑吗？"

"就像您演讲中讲的那样，如果年轻人没有困惑，就太不正常了。其实，到现在我还没想明白自己究竟想要干点什么。"

"那怎么办？"

"我经常告诉自己：如果想不明白自己到底想干什么，至少要有事可做，把该做的做好。干好了应该做的，才有资格去想更大的目标。"

就这样，跟这个有趣又有经历的人聊天，两个小时的下山之旅并不寂寞。

四

记录这个故事，也是要鼓励自己：要在迷茫中选择坚定，要有一颗不安的灵魂，要听得进别人的批评，要摒弃情绪，更客观地认识自己的不足才能有进步，要忠于自己，要活得认真，要笑得放肆，更要永远不停下前进的脚步。

对了，写这篇文字时，捏脚的大妈还问："你是个作家吧？"

我说："你怎么知道的？"

她说："看你一直在写东西，这么能写，肯定是作家。"

我感动坏了，连捏脚的大妈都能看出我是作家了。

间歇性的努力
往往持续性一事无成

当跑得筋疲力尽，找不到方向时，停下前进的脚步去复盘，去总结，去思考新的方向，这是明智的间歇，但一定不要让自己闲下来什么也不干，如果闲得太久，人很容易废掉。

向上走的路，谁都不会轻松

一

一位已经读研的同学，在公众号给我留言说："作为一个已经上岸的研究生，我真的很不快乐，怀疑自己是不是不应该读研。"

我看了看这位微信昵称叫"蔚蓝"的同学，看头像也分不清是男是女。于是，我冒昧地问了一句："你能告诉我，不快乐的点在哪里吗？"

蔚蓝说："不快乐的点是，我每天忙忙碌碌看文献，但经常看不懂；科研工作也依旧要进行，但导师每天都在催进度，感觉自己很迷茫。"

我又问："所以，你期待的快乐是什么？"

蔚蓝说："我期待的快乐很简单：文献能看懂，进度能够快一点，自己的收获能够多一点；每周能有假期，现在导师每天都在催进度，周末连休息的时间也没有……"

　　在电脑另一端的我，看完了这位同学的回答后，自己乐了半天。因为说白了，蔚蓝同学虽然读研了，但本质上还是孩子的心态：天真、简单、傻傻的可爱。

　　于是，我开始温柔地提醒他。

　　我说："你凭什么想文献一读就懂？能让你一读就懂的，都是你认知范围内的。读自己知道的，那叫复习；读自己不知道的，那才叫学习。"

　　蔚蓝给我发了一个哭脸的表情包。

　　我没有停下"好为人师"的脚步，继续说："导师催你，你嫌他老是催；导师要是不催你，你是不是还嫌他放养你，说他对你不负责任？"

　　蔚蓝又发过来一个哭脸的表情包，跟第一个表情不一样。

　　我继续说："文献看不懂，就多看几遍，实在看不懂，就向看得懂的人或导师请教。其实，没有谁是生来就能看得懂那些晦涩文献的。"

　　我以为这位昵称为蔚蓝的同学还会再发一个新的哭脸表情包，结果半天没回复。我猜想他可能在找表情包。于是，我继续说："还想每周都有假期？那就先逼着自己把该做、能做的事做好，然后奖励自己一个假期；否则就告诉自己：你不配有假期。"

那一刻，我突然感觉自己有点像一个喷着火舌的机关枪，对着千里之外的一个素未谋面、仅仅是把自己当成树洞的诉苦之人开始了咒骂。

于是，我问："你是男生，还是女生？"

之所以这么问，本来想的是，如果是男生，就再骂几句；如果是女生，就道个歉，毕竟对待女士还是要温柔一些。

结果蔚蓝同学说："我是女生。"

我假装道了个歉，说："不好意思，刚才可能话说得有些重，见谅！"

然后，调整了一下，用温柔的语气说："有时候吧，人就是缺骂，骂一骂就清醒了！"

她说："您说得对，我没做好，就不配有假期。"

我说："你知道吗？其实，很多人羡慕你，因为很多人连读文献和被导师催进度的机会都没有。当然，如果实在太累了，太不快乐了，建议就别读什么破研究生了。直接退学算了！"

我在课上，也在很多地方讲过，听起来很"鸡血"，但实际上也是客观事实的话。那就是：向上走的路，都不轻松，因为轻松是留给死人的；既然选择了，就别怕、别尿。

我把类似的话，又重新发给了蔚蓝同学。她回复我说："谢谢石麻麻，不尿，要继续走下去。"

读高中时，总幻想着读大学会轻松一些，但读了大学后才发现，想出类拔萃，你只会更累；考研时很痛苦很煎熬，以为读研会轻松一些，但读研后才发现，读研要比考研更累、更痛苦、更煎熬。

我还想告诉大家的是，以后你会发现：工作挣钱了，你也不快乐。可见，"一帆风顺"只存在于别人给你的祝福中，或自己的幻想里，而"一帆风不顺"才是人生百态的多数。

二

我觉得蔚蓝同学是幸运的，因为在她颓废时，虽然没有去读我写的书，但被我臭骂一顿后，终于觉醒了。

我呢？也有颓废的时候，无人骂我，我也无人可骂，只能选择自己骂自己，但自己骂自己，有时候却下不了狠手。

不瞒大家说，很多时候，我是个不快乐的人。比如，最近我就不快乐，我在写自己的第二本书，进度时慢时快。慢的时候，一天写不出一个字；快的时候，一天能写四五千字，但多数文章自己读完后都会感叹："这写的什么玩意？"

毕竟，我对自己的要求还是有点高：既要幽默风趣，又要通俗易懂，还不能有"说教"的感觉。

尽管这很难，但我没放弃，因为出版社说了，只要写出来了，就直接给预付款，咱虽然不算特别缺钱，但跟钱没仇呀；而且，在前一阵的签售会上，我已经把自己写第二本的牛给吹出去了，要是写不出来，打的是自己的脸啊！

事实上，我们多数时候心甘情愿地忍受痛苦，在煎熬和一次次挫败中咬牙坚持，是因为我们知道：凡是让自己不舒服的事情，最终都会让我们成长，而成长和做成事带给我们的快感，要比闲着什么也不做的舒适感强百倍。

此刻，如果你觉得自己不快乐，甚至很苦、很累，我先恭喜你，因为你并不孤单，你的人生正在走上坡路。上坡路，只会越走越难，过了这道坎还有下道坎，忙完这阵还有下一阵；累肯定是累了点，但你的人生是不断往高处走的，只有站在高处才有机会看到更广袤的风景。

此刻，如果你觉得自己不快乐，甚至很苦、很累，我建议你：一定要经常给自己一些积极的心理暗示。所谓"积极的心理暗示"就是你做成了一件事后，要认可自己的付出和成果，并鼓励自己不要停下前进的脚步，继续为下一个更高、更大、更远的目标而努力。

　　此刻，如果你觉得自己不快乐，甚至很苦、很累，我想提醒你，想一想你要去的远方和目标，究竟是想去，还是一定要去？如果只是想想而已，不如现在就放过自己；如果是一定要去，那就别磨叽，你可以委屈，可以哭，但坚决不能尿，可以累了歇歇脚，但不能放纵自己沉浸在懒惰、抱怨和无所事事中。

　　记住：向上走的路，都不轻松。

你要保持随时离开的能力

一

2022 年年初，我当时所就职的在线教育公司因为新业务连续三年严重亏损，管理层不得不大裁员以固守基本盘。

当然，我不在被裁掉的员工行列，因为当时的我还算是主要生产力之一。他们还指望很多跟我一样卖命上课、不计较回报的老师忘我工作来维持公司的运转。

所以，我每天还是跟什么都没发生一样，静静地端坐于工位上看书、备课、刷手机。

那天，公司安静的环境，突然被一声撕心裂肺的喊叫打破，但我还是低着头继续捧着书看。

声音由远及近："怎么就突然宣布裁员？怎么就把我裁了？还让人好好过年吗？不让我好好过年，咱谁也别好过。"

我边看书边想："欸，今天不是腊八吗？怎么他说要过年了？

不过，人家说得也对，过了腊八就是年呀！"

声音越来越近："××公司非法裁员，请大家加群一起争取合法权益。"

我抬头，看到的是一个20岁出头的小伙儿，虽然眼神里是满满的绝望、焦虑和不安，但小伙长得一表人才：身材挺拔，面容清秀。

我想："他有对象吗？如果没有，可以把他分配给考研上岸的小姐姐。"

我正想着，小哥哥已经走到我身旁，啪的一声，吓得我差点从座位上弹跳起来，因为我以为他要打我。好在有惊无险，他只是在我的桌子上狠狠地拍下一张A4纸。我瞄了一眼，上面印了个二维码，标题是"××公司裁员维权群"。当然，我没扫码入群，因为我知道公司裁员是因为经营状况堪忧，裁员是自救的手段之一，合法合规，有N+1的补偿。

我本想问"小哥哥今年多大了"，但话还未出口，他已经像一阵风从我身旁疾驰而过，只留下背影。

小哥哥继续咆哮着远去了，我陷入了沉思。

一方面，我骂自己冷血。看着小哥哥这么痛苦，我无动于衷也就算了，居然还想把人家当对象分配给自己的那些考研上岸的学生，这没良心的程度，简直令人发指。

另一方面，我开始换位思考。如果我是他，此刻会怎么做？一个刚刚走出校园的大学生，好不容易找了份工作，结果干了不到半年就被裁掉了，又临近年关，我会不会在声嘶力竭的哭泣中情绪失控？我想，答案多半是肯定的。

庆幸的是，我不是他，我很少找工作，都是工作找我，我也没有被裁过，都是我裁别人或主动跳槽。虽然这么说自己，有点炫耀的味道，但没办法，这是客观事实。

我在《永远不要停下前进的脚步》中专门写过：保持随时离开的能力。我这么写，也在这么做。而且，我身边的朋友，几乎都有这样的实力。

二

尽管这样，我依然感觉自己是要被这个时代淘汰的人，为此，危机感很重。

最近看了个新闻："苏州的一家商贸公司花 20 万元请了一家文化传媒公司的主播来带货，对方保证产品实销金额能达到 50 万元，但最终成交金额仅为 456 元。该商贸公司将其诉至法院，要求退还 20 万元服务费。法院传唤该文化传媒公司，但对方拒不到庭。"

本来这种新闻我是不会关心的，毕竟不是什么四、六级和考研的考点，但这 456 元的惨淡成交额使我想起来一件往事，同样凄惨。

有一次，我和百万畅销书作家 L 一起直播带货。身为大 V 的我们，全网粉丝加起来有将近 1000 万。所以，那晚开播前，我们两个信誓旦旦要在直播间卖出去至少 100 万元的货。

结果呢？从晚上 9 点开始直播到半夜 12 点 30 分，成交金额仅为 1500 元。这个战果虽然令人汗颜，但我们都是乐天派，相互安慰对方说："最起码卖出去 1500 元的货，我们还是牛的。"

第二天，我们两个跟另一个朋友喝酒，欲哭无泪地谈起了这场直播。朋友说："我看了你们的直播，我不忍心看你们那么辛苦吆喝，喊了 3 小时也没什么人买，我就自掏腰包买了你们 1000 元的书，准备送人。"

我和 L 听完后，都"恬不知耻"地跟朋友说："下次直播带货，你不仅要来，还要喊上你的亲戚朋友一起来，而且要一开始就抢单，营造出一种好货疯抢、手慢就抢不到的虚假氛围。"

……

三

和身边很多在教育和文化行业创业的朋友聊天时，他们常常说："现在是短视频的时代，抖音、B站和小红书是年轻人聚集的场所。"

而我呢？每天还守着公众号写一些不痛不痒的文字，不是不想融入短视频的时代浪潮中，而是经历了几次并不走心的尝试后，就偃旗息鼓了。

一直以来，我都有点自卑情结：拍短视频，就要露脸，而我的这张脸，除了高鼻梁算个优点外，其他实在是没啥地方能吸引别人的眼球。于是，偶尔直播，我都是把美颜尽量开到最大，但即便美颜开到极致，还是没别人好看。

不过，我也想明白了，即使长得丑，也得往前冲，因为不往前冲，就可能被这个时代淘汰了。所以，我安慰自己说：你长得丑，没关系，但你可以把自己"可爱"的这个优势发挥到极致，况且你还是优质的内容输出者。

努力了不一定成功，但不努力迟早会被社会抛弃，因为时代变化得实在太快了，而且时代要淘汰你，一声招呼都不会打。

又或许，我们终将老去，也终将会被后浪拍在沙滩上，但即便平凡，我们依然要选择努力，但行好事，莫问前程，我想结果不会太差。

优秀都是被生活硬生生逼出来的

一

讲一个真实的故事，虽然主角不是我教过的学生，但我认识她。这一切，还得从一次意外的打招呼说起。

第一次见她时，她像一个小迷妹一样跟在自己喜欢的 Z 老师（我的同事）的身后。

那天，我正坐在电脑前奋笔疾书，她带了好吃的东西送给 Z 老师。鼻子对美食异常敏感的我，立即停下了手头的工作跑过去，问："这是谁拿的好吃的？"

Z 老师看了看对美食垂涎欲滴的我，指了指自己身旁的小姐姐，说："是她带来的。"

我问："这位同学，你认识我吗？我就是那个自称'纯洁彦祖'的老师。"

她挤出了一丝尬笑，说："哦，好像听说过。"

我说："哈哈，'好像'这个词其实就是没听说过。"

然后，我就开始一通胡言乱语地进行自我介绍和推销。在我兴致勃勃地说着的时候，她突然说了句："我想起来了，您应该是那个雷老师吧。"

我说："对对对，我就是那个'雷彦祖'老师。"

她又突然瞪大眼睛看了看我，说："不对，您好像是石老师。"

我点了点头，她不好意思地笑了起来，说："不是我记性不好，是因为我喜欢 Z 老师的风格，您的课我没怎么听过，所以对不上号。"

这就是我第一次见她的场景，这位小姐姐，说不上漂亮，属于那种丢在人堆里一定不会被一眼认出来的人。

那天她离开北京回家了。她走之后，Z 老师跟我说："你知道吗？刚走的这个小姐姐，经历很坎坷，但也很厉害。"

我一听喜出望外，因为我喜欢收集有故事的人的经历，于是赶紧问："跟我说说，她怎么个厉害法？"

Z 老师简单说了几句，大概意思就是这个小姑娘，不仅大四保研了，还自己开了个服装店和服装加工厂，管理着 200 多个员工。

我说："这个确实很厉害，你跟我详细说说吧！"

Z 老师说："我一会儿还有课，咱们改天聊吧！"

就这样，小姐姐走了，Z 老师去上课，好吃的留给了我一个人，虽然我现在已经忘记了那天吃的是什么好吃的了。

二

第二次见到她时，是在 5 月的北京，她第二次来探望她喜爱的 Z 老师。这次，得到小姐姐的允许，我跟她聊了好久，她分享了自己的经历。

最开始，她说自己不是爸妈的亲生女儿。我问："或许是误会吧，你怎么知道的呢？"

她说："上小学报名时，我发现自己没户口，也没有出生证明，是爷爷费了好大劲给我办了户口，我才顺利上了小学。后来不知什么原因，我的养父母突然不给我交学费了，没有办法我只好哭着去找爷爷奶奶要钱交的学费，才勉强上完了小学。"

我说："这也不能说明你不是亲生的呀？"

她说："是的，如果仅仅因为这件事，我也不愿意相信我不是他们亲生的孩子。"

我问："难道还有其他更令人费解的地方？"

她无奈和伤心地抬头看着窗外，点了点头，说："我爸妈在我4岁时，还生了我妹子。感觉从小到大，他们都特别宠着我妹子，而且我和我妹子长相上差别很大，我妹子和爸妈更像。"

我说："有时候，亲姐妹之间，长得不太像的也有很多。"

她眼里噙满泪水，看着马上就要掉下来。她说："让我确信自己不是亲生的这件事，是在我上初中时。有次放学回家，听到父母和一个姑姑在谈我的身世，还说给姑姑点钱，让姑姑找人把我带到工地上去。"

我说："这么狠心？"

她说："虽然我只听懂了个大概，但那一刻，我一下子就把自己从小到大不受待见这件事的原因想通了，因为我不是亲生的。很多年以后，我更确认自己不是亲生的，因为我跟养父母和妹妹的血型都不一样。"

我问："然后呢？"

她说："是我自己说什么也不跟姑姑走，最后他们才让我留下来。"

我问："留下来的日子，好过吗？"

她说："不好过。所以，我拼命干活，就怕自己被抛弃。这样的日子持续到初三。我考上了重点高中，但养父母不希望我继续读高中，因为家里交不起学费。"

我说："那你读高中了吗？"

她的情绪逐渐地稳定下来，说："我中考完就立志不再要养父母的钱，于是就开始打工挣钱去了。"

我问："那么小的年龄，你打工，能做什么？"

她说："一开始，能做什么做什么。后来发现，端盘子洗碗这样的工作，不仅辛苦，还挣不到钱。于是，我就跟着别人学做美容，从不要钱的学徒开始做起，高中三年的寒暑假和周末，我几乎都在打工。"

我问："美容院的工作轻松吗？"

她说："比起端盘子洗碗，还是要轻松一点，关键是能学到东西，不再是纯粹的消耗。"

我说："你挺厉害，很多人都吃得了生活的苦，却吃不了读书学习的苦，但他们不知道的是生活的苦，是一种消耗，而读书学习的苦，是沉淀和积累。这个道理，你很早就懂了，佩服佩服！"

她说："其实，也算是幸运，因为遇到了几个比我年长的姐姐。她们告诉我这些道理，也一直在帮我，鼓励我上学读书。"

我问："这么说，你读高中的学费和生活费，都是自己挣的？"

她点头，说："我攒到的钱不仅够自己花，有时候还能给家里一些，毕竟他们在农村，没有固定收入来源，也没啥手艺，生活很拮据。"

我问："后来，怎么就想到创业了呢？"

她说："也是机缘，我读高中三年和大学前两年攒下来一些钱，便不想再一直给别人打工了。碰巧的是，一个之前认识的姐姐的服装店想转让，我去看了看，地段不错，就接手了。"

我说："创业顺利吗？"

之所以这么问，是因为我也创过业，知道创业不是九死一生，而是九十九死一生。

她说："确实挺难的，一开始啥也不会，怎么进货，选什么款式，选什么材质……这些，我统统都不懂。"

"那怎么办？"

"还能怎么办？我就一项项找人学，谁懂我就请谁吃饭，向他请教。"

"那别人愿意帮你吗？毕竟是同行，抢饭碗呢！"

"人家愿意帮我，我感激；人家不愿意帮我，我理解。从接手店面到开始盈利，用了多半年时间。"

"做生意难道不影响你的学业吗？"

她苦笑了一下，说："说不影响，是不可能的。所以，我高中三年和读大学的这几年，几乎没跟同班的同学说过几句话。在他们的眼中，我就是个神龙。"

"神龙是什么意思？"

"神龙见首不见尾，我和同学之间几乎没有交流。其实，不是不想交流，而是顾不上，因为没时间，到了学校就是赶着听课和写作业，下课交了作业，就赶紧离开学校去忙工作了。"

"那你大学没挂科吧？"

"没有，我基本上不缺课，学习成绩还不错。我喜欢课上和课后向老师提问，所以，跟老师的关系很不错。事实上，我早就发现自己喜欢跟比自己年长的人聊天，因为能从他们身上学到很多同龄人身上学不到的东西。"

我问："创业期间，最大的感触是什么？"

她说："焦虑，掉了好多头发，脸上长了好多包，什么都不会，什么都得学。还好，我都挺过来了，后来招了一些人，我亲自把几个不错的人带成熟，要不然凭我一个人，即便退学专门守着店也不一定忙得过来。"

我问："怎么想到开服装加工厂了呢？"

她笑了笑，说："老师，您不是也创过业吗？怎么连这个都不懂呢？"

我笑了笑，说："我是假装不懂，不然就没法向你提问了，也就没机会听你分享故事了。"

她说："那您说说，我为什么要自己加工服装？"

我摇了摇头，说："我没搞过服装加工，怎么可能知道？"

她说："好吧！还是我说吧。一是因为成本问题；二是因为找不到自己想要的货源，要么材质不行，要么款式不行。所以，我请了设计师，然后又请了工人来加工，当然还请了人来管理工厂。"

我说："这些都是你自己边读书边自学的？"

她点点头，说："是呀，这些必须得懂，因为自己懂，才不会被骗。事实上，我上星期才找到合适的人来管理服装加工厂，今天才能出来逍遥一下。之前，一直是我在盯着，建工作流程，设绩效考核标准，定薪资等级和激励措施。"

我问："你是企业管理专业的？"

她说："不是不是，我学英语的。"

我说："那你管理企业的这套东西，怎么学的？"

她说："有的是看书，有的是听网络课，有的是直接去找别人请教。"

三

聊天聊到此处时，我陷入了短暂的沉思。

与她相比，我这个 30 多岁的男人所经历的那些人生波折，都算不上什么。很难想象，坐在我面前的这位 20 岁出头的女孩，究竟经历了多少次绝望？度过了多少个孤独无助的夜晚？当别人在享受家庭的幸福和父母的疼爱时，她又在感受着多少人情冷暖？

片刻的沉默后，我问："现在的这个家，还能让你感受到温暖吗？"

她点了点头，说："爷爷奶奶一直对我很好，自从有了我妹子之后，我就跟爷爷奶奶住了。"

听她这么说，我心里舒服了一点，总算在她冰冷的经历中找到了一些温暖。

"爷爷奶奶身体好吗？"

"我的经济条件改善之后，就把他们接过来跟我一起住了，他们就是我在这个世界上最亲的人。没有他们，或许我小时候就离家逃亡了。"

"你跟养父母现在还有联系吗？"

"有的。前一阵家里给我打电话，让我回去一趟，因为爸爸生病住院了。"

"然后呢？"

"然后，我就回去了一趟，买了些东西，去医院看了看爸爸，支付了医药费，还给他们留了 10 万元治病。"

"你真的是个很宽容、很善良的孩子，你养父母有你这个孩子，真的是他们的幸运。但我想冒昧地问一句：你对养父母心中有恨吗？"

她点点头，说："有过。但随着年纪的增长和自己的强大，对这件事已经看淡了。他们也不容易，应该说在生妹妹之前，他们还是拿我当亲生女儿来养的。我没法要求他们像圣人一样道德高尚，父母更疼自己的亲孩子是人之常情吧！我理解。"

"那你和妹妹关系怎么样？"

"不算太好吧。从小她和爸妈住，我和爷爷奶奶住，我们差了 4 岁，有点代沟。她现在读专科，基本上她每次给我打电话都是要钱。当然，也不是大钱，每次要几百的生活费。"

"你真厉害呀！你知道许多跟你同龄的年轻人过着什么样的生活吗？每个月父母给 1000 多块的生活费，然后他们在大学里吃喝玩乐，谈情说爱！"

"这样的生活，没有什么不好！如果我养父母把我当亲生女儿一样疼爱，大概率我现在也是过着同样的生活。"

"所以，你的优秀是被生活给硬生生逼出来的。但是，我更感兴趣的是，这样的日子你愿意过吗？"

她扭过头去，看了看窗外，说："我愿不愿意，都得去面对。其实，从知道自己不是他们的亲生孩子和自己差点被卖掉的那一刻，我除了选择自己坚强活下去，已经没有退路了。"

那天，我还问她："今后有什么打算？"

她说："因为就读的本科学校不是很好，想读个名校的研究生；同时，还想尝试做外贸，把服装设计和加工业务拓展到国际市场。"

我说："这个目标很远大，挑战更大。"

她说："是呀，知道很难，但还是想逼自己一把，不尝试怎么知道行不行？"

我问："不打算去寻亲，找一下亲生父母吗？说不定，他们此刻正在世界的某个角落里苦苦寻觅你的踪影。"

她说："会的。"

我又问："不打算找个男朋友吗？"

她笑了笑说："现在不考虑，甚至有点抗拒，因为觉得现在这样的日子，自己很充实。将来或许会吧！"

……

四

这个姑娘的故事，先写到这里吧。我笃信的是：因为她的目标更远更大了，所以将来的她，还会遭遇更大的挫折和更多的挑战。但人生的路，没有一步是白走的，就像一个人读过的书和吃过的饭，虽然看不见，但早已融入他的骨血中。

两千多年前，中国的先哲孟子说："……故天将降大任于是人也，必先苦其心志，劳其筋骨，饿其体肤，空乏其身，行拂乱其所为，所以动心忍性，曾益其所不能。"

事实上，很多人的一生，可能不会，也不愿经历像这位小姐姐一样的痛苦、绝望和跌宕起伏，但我们总有被生活逼到死角的一刻，希望你在面对重重挫折时，依然选择坚强。

同样，如果你今天的日子过得平淡或平庸，也请你选择先狠狠逼自己一把，因为不逼自己，日子只能继续平庸。

比如，生活平淡无奇的你，可以从逼着自己读一本书、听一门课开始，让自己变得越来越优秀。

间歇性的努力往往持续性一事无成

一

我经常告诫自己和身边的学生要持续努力，因为间歇性努力的人，往往持续性一事无成。

某日睡前，我突然开始了胡思乱想："为啥一些人的所谓的努力多是间歇性的？"受到某个人或某件事的刺激努力几天，之后又恢复如初，如此反复怎么能成功？后来，想着想着，我就睡着了。

第二天醒来时，我忘记继续去思考这个问题了。

直到写这篇文章前的几分钟，我才突然想清楚：所谓"间歇性努力"，说的其实不是不能有间歇，关键在于"间歇"时间的长短。

有的人是间歇性努力，如抽风式打"鸡血"，结果却是持续性颓废。人的一生总要有那么几次轰轰烈烈的付出，不达目的决

不罢休的执着，才算没有白活。

记得几年前，曾经有个屡考四级不过的男孩子跑到北京玩，顺道来看看我。

见面寒暄了几句后，他说："石老师，您的课讲得确实挺好，我也听了，但四级还是没过。"

我说："你这是夸我，还是骂我？"

他说："当然是夸您了。想骂，也不会当面骂呀！"

我说："你说我的课讲得好，但你四级还是没过，这其实还是想暗示说我课讲得不好啊！"

我一边说着一边站起来，假装要给他鞠躬致歉。我之所以这么做，其实是降低自己的身段，把四级没过这个"责任"的皮球从"道义"上一脚踢给对方。而且，这一招，我屡试不爽，几乎所有的同学突然遭遇这招时，都会大吃一惊，然后赶紧说："不不，老师您别这样，四级没过，主要是因为我基础太差了，学得还不够努力……"

但那天是个意外。那个男生不仅不接招，还笑嘻嘻的，用一副"恬不知耻"的样子说："既然这样，不如您就把我交的学费给退了吧。"

我一听，立即就意识到：站我面前的这个学生，比我还不要脸，属于"青出于蓝而胜于蓝"的那种。我一点也不着急，更不慌，因为我早就准备好了第二招。

我笑呵呵地对他说："你瞧瞧你，一副没良心的样子。还有脸要求退钱？你也不想想，我们身为拥有多年教学经验的名师，教出的都是考高分的学生，为啥就你没过？你坏了我们的名声，还要求退费？要我说，应该多收你点钱，好赔偿我们的精神损失。"

几轮唇枪舌剑后，我以为这个男生会败下阵来。结果，正当我准备嘚瑟继续嘲讽他时，他也不知道哪来的勇气和机灵，说："这样吧，我给您个机会，让您请我吃个拉面，算作赔偿您的精神损失。"

坦诚讲，去各地签售时，经常有学生说要请我们吃饭，但我一般是不愿让学生请我吃饭的，毕竟他们也没几个钱，自己填饱肚子尚且很难，即便是请，也请不起什么好吃的。而我一般也不愿意请学生吃饭，因为我也穷啊！再说我的学生那么多，别说请吃大餐，就是请每个学生吃碗面，时间和金钱也耗不起啊！再说老师的本职工作不是陪吃、陪聊、陪玩。但那天我心情非常好，刚好中午也有空闲，就假装不情愿地说了声："没问题，走吧！"

二

那个男生呢？丝毫没有客气一下，直接背上包，跟在我身后，走出了我上班的那栋写字楼。我带他去了楼下的兰州拉面馆，点了两份肉蛋双飞（真有这道菜名）。

当然，这碗拉面也没白吃，因为在边吃边聊中，我得知了这个倒霉孩子屡考四级不过的原因。

这个男生告诉我他是体育生时，我还安慰他说："很多人认为，体育生或艺术生的英语都很差。显然，他们这是戴着有色眼镜看人。我对这种观点向来嗤之以鼻。"

那个男生笑了笑说："老师，您也别安慰我了。我是体育生，我承认，我的英语不是一般的差，而是相当差，差到惨不忍睹。"

我问："有多差？能举个例子吗？"

他说："印象最深刻的是，有次课上老师让我翻译一句话——He used to be a big player."

他的英语说得很难听，但好在我听懂了。我问："你怎么翻的？"

他说："我翻译成'他使用一个大播放器'。"

我听完，嘴里的一口面差点喷出来，脑子里想的是这翻译与原英文句子意思相差十万八千里。几秒钟后，我收敛起自己放肆的笑，又问："那天给你讲课的老师听到后什么反应？"

他说："老师笑得直不起腰，但最后我也没记住这句话到底啥意思。"

我说："看来你的英语确实不好。考了这么多次四级，最高分是多少？"

他说："400。"

我说："说实话，你这个英文水平，能考400分也是超常发挥了。但话说回来，满分710分，考400分和考425分水平没差别，只是一两道选择题的差距。"

他说："是呀，能多对两道选择题，也就过了。我还是运气差点。"

我说："你拉倒吧！很多人都觉得这是运气问题，实际上是实力问题。"

他问："什么意思？"

我说："如果你就是个400分左右的水平，发挥好点，估计能考个425分低分飘过；如果在考场上或考试前稍微遭遇点意外，影响了发挥，可能就过不了。但如果你本身是550分的水平，即便发挥不好，估计也能过。"

他说："您这么一说，我想明白了，是实力不行，不是运气欠佳。"

我问："你最近一次四级考前复习了大概多久？"

他说："将近两个月。"

我又问："这次考完之后，有多久没学了。"

他说："考完到现在，就没再碰过 26 个字母。这不等着出分吗？等出分后看情况，如果过了，我就好好宣传您。"

我说："如果没过呢？"

他说："如果没过，就在网上说您讲得不行，但看在您请我吃牛肉面的分上，我决定了，如果没过，就继续报个班，跟着老师学……"

那一刻，我突然明白了，坐在我对面吃牛肉面的这位体育专业的小哥哥，一直没搞明白一个道理：学如逆水行舟，不进则退。

于是，我又问他："你觉得自己考前两个月学到的东西，考后如果不继续学，一星期会不会忘掉？"

他说："用不了一个星期吧？"

说完，我和他四目相对，都笑了起来。

就这样，那天的 "肉蛋双飞" 虽然美味，但除了吃，我一直在耳提面命、连打带骂地提醒那个体育专业的小哥哥：不要间歇性努力，抽风式打鸡血。当然，我不是说不要休息，一直努力，不能有任何停歇，而是不要停歇得太久。如果三天打鱼，两天晒网，学业就可能荒废。

那天，吃完了面，我说："如果四级还没过，千万别跟别人说我教过你，我丢不起这个人！"

他呵呵一笑，说："如果下次四级过了，您再请我吃面；如果没过，我请您吃面。"

我说："如果过了，我请你，咱们面对面吃；如果没过，还是我请你，但咱们得背对背吃。因为我身为你的老师，没教好你，我没脸见你；你身为学生，没学好，你也没脸见我。"

三

一年之后，这个小哥哥终于有出息了。他考上了研究生，英语考了69分（满分100，对于基础差的同学而言，69分算不错了），而且这次，他还顺手把四级也过了。

他将自己被录取的消息分享给我时，还特别发了一张自己手机桌面的截屏图片，上面写着一句话：间歇性努力的人，往往持续性一事无成。

那一刻，我直观的感受是，他成长了；更深的感受是，牛肉面没白吃。

此生，无论我们是否有缘一起吃碗牛肉面，我都想告诉你，也告诉自己：间歇性努力的人，往往持续性一事无成。所以，别间歇性努力，别抽风式打鸡血，也不是逼着你一直努力不停歇，而是别停歇得太久。

当跑得筋疲力尽，找不到方向时，停下前进的脚步去复盘，去总结，去思考新的方向，这是明智的间歇，但一定不要让自己闲下来什么也不干，如果闲得太久，人很容易废掉。

习惯了每天跑步的人，偶尔停一天不跑，会觉得好像缺了点什么；习惯了每天读书的人，一天不读书，心会虚，会发慌。我教过的很多考研的学生说：如果他们有一天，或连着几天没学习、没看书、没听课，心里不仅会发虚，还会有深深的负罪感。

我想，这是同样的道理吧！

最后，补充说一句："He used to be a big player."这句话的

汉语意思是："他过去曾经是一名很棒的运动员。"其中，"used to be"表示"过去曾经是"；"player"当然可以表示"播放器"，但在这句话中表示"运动员"更合理一些，因为主语是"He"。

谁的日子不是苦熬着呢

一

2020 年的七夕，不是法定假日，所以，我也没找到让自己休息的理由。

上午忙于写东西，给自己按照"番茄工作法"设置了工作模式，即在每个 25 分钟的工作时间内，专注手头的事情，不看手机；5 分钟休息后，进入下一个 25 分钟的工作单元。

想着七夕是中国的情人节，总要做点什么来烘托一下节日的气氛。于是，在 5 分钟休息间隙，我发了一条微博去鼓励已经考上研，已经通过四、六级或闲来无事的同学在评论区里留下自己的身高、性别、体重、三围、颜值估分（满分 10 分）、家产、就读院校专业 / 工作城市单位等信息，说不定就能捞着一个对象。

结果呢？围观群众都是嘴上喊着要对象，但真正付诸行动来推销自己的没几个。这也再次说明了，广大青年男女所谓的对象需求，实际上是伪需求。要不然，为何都是口头说说？

晚上讲完课之后，深感疲惫的身体呼唤着，让我出去透透气。我想了想，就漫无目的地开始沿着街道跑步，跑着跑着就到了长安街西延线，越往西，人越稀少。

人虽然少了，夜景却越来越好看了。

突然，我发现自己跑到了网红打卡地新首钢大桥，桥上很多人在拍照留影，我还帮三位前来健步跑的男子拍了合影。

正准备往回走的时候，被一个哥们喊住了。

我扭头一看，心想："这是谁呀？好像不认识。"

他看着我困惑的样子，说："哥，您忘记我了？那天下雨，你打我的车，然后车泡水了，您还帮我推车来着。"

我又看了几眼，还是没想起来，就假装顿悟的样子："哦哦哦，我想起来了。你也来这儿玩？"

他说："我家就住附近。"

我问："你的车，没问题吧？"

他苦笑，叹了口气，说："车正修着呢，发动机进水了，我算是倒了血霉了，得花个大几万。"

听着他的声音，看着他苦笑的表情，我终于想起他是谁了。

不得不说，在七夕这个美妙的日子，我偶遇了前几日北京暴

雨时我乘坐的网约车司机小哥。他居然还记得我，说明我的相貌
应该不是那么容易让人忘记。

二

大概半个月前，预报说北京有大暴雨的那天，我睁开眼，想
到一句话：天有异象，必有大事。今天应该是个伟大的日子。

于是，我开始在激动和渴望中等待伟大的到来，但转眼之间，
白天微弱的阳光随着夜色的到来彻底退隐至北京西山后面去了，
我连伟大的影子也没见到。

因为外出约朋友谈事，结束后时间将近 18 点了，而我 19 点
还有课。想了想，如果回家讲课，赶上交通高峰期，大概率堵车，
行程可能不止 1 小时。如果迟到了，那帮听课的学生估计会"造
反"。他们越来越不像话了，不仅上课时不遵守纪律，在讨论
圈乱说话，有时还要求我"跪着讲课"。

我想了想，实在是惹不起，于是只能在外面讲完课再回家！

多年来，我有个习惯：总随身带本书。这样，可以在碎片时
间里随手翻看。打开书沉浸其中，一个小时过得飞快。

看着到了上课时间，我放下书，端坐在电脑前，一本正经地

讲完了。

讲完课准备回家时，发现外面噼里啪啦地下着雨，我伸手触摸了一下，还有冰雹，砸得手疼。

本来想等着雨势小些时再打车回去，结果左等右等，这个雨好像故意为难我，就是不肯停歇。

有点不耐烦的我，看着不耐烦的雨，掏出手机试着从网上约车。结果呢？约车软件显示需要等两小时，因为有 100 多人排队。

看着屋外漫天倾泻的大雨，我安抚自己："不就是两小时吗？多好呀，可以安静读书。"

结果，刚读完几页，手机嘀嗒响了一下，智能语音播报提示有人接单了。我从沙发上一跃而起，没想到这么快就有人来接我了。

车快到了，我飞快地撑起一把小破伞，背着小书包，穿着运动鞋，迈着轻盈的脚步，踏着飞溅的雨花，在地上齐脚踝的积水中奔向大门。

接我的司机是个小伙儿，年龄与我相仿，20 岁出头。我说："没想到，这么快就有人接单了。"

司机说："您这趟是个大单子，大家都抢着接！您系好安全带，咱们出发了。"

我应了一声后系好安全带，车开动了。

看着车窗外瓢泼的大雨，我想到路上可能会有积水处，于是提醒了司机："不要因为拉我，就冒险走积水多的地方，确保行车安全是第一位的。"

小伙看起来跟我一样，是个老实人。他听我如此善解人意地提醒他，瞬间就被感动得想哭，一个劲儿地夸我。

作为一个俗人的我，听了他不知是吹嘘还是真心话的恭维，自然特别受用。但我的心底里，还是有一丝担忧："这么大的雨，别出意外就好。"

行至一积水处，也正好是个红灯，司机小伙停步不前，自言自语地说："前面的积水，看着不少呀！"

很快，变绿灯了。他还在犹豫和评估。我没催他，毕竟是人家的车，乘客指挥司机开车，就像学生指挥老师讲课一样，都不是什么正常人能干出来的事！

乘客不催，但后车司机开始一个劲儿地使劲摁喇叭、用远光灯催。我看了看时间，22点14分，这个点毕竟是回家的时间，谁不想早点回家？

司机小伙观察了一会儿，自言自语地说："别的车都没事，应该没啥大问题吧！"言罢，车启动，奔积水而去。

不得不说，有时候墨菲定律真的很准：你怕什么，就来什么。

车行至积水中间处时，对面来了一辆大公交，涌起一股较大的水波。结果，我打车的车身晃动了几下后，熄火了。我心里咯噔一下："完了！"

看着司机小伙似乎有二次打火启动汽车的冲动，我赶紧拦住他，提醒说，发动机进水，保险公司不赔，修理费得好几万。

我想了想，今天不仅不是什么伟大的日子，好像还是个受困的日子。虽然我也着急回家，但还是安慰了一下司机小伙，说："没事的，只要不二次点火，发动机晾干了之后，就能正常启动使用了。"

说完，我看了看窗外的雨小了很多，于是起身下车，准备步行到最近的地铁站，说不定还能赶上最后一班地铁。

我一脚踏进跟马路牙子齐平的积水中，准备蹚着水离去。结果，司机小伙赶紧喊我："大哥，实在不好意思，您看您能不能帮我推一下车？把车推到没有积水的地方就行。"

我看了看周围，好像也只有我还算是个粗壮的大汉，又想了想，小伙确实挺倒霉的，看在他这么无助的分上，我说："好吧！"

然后，我下车使出了吃奶的力气，和他一起把车推到路边的一个没有积水的车位上。

我看了看时间，22点29分，作为曾经片酬60万元/小时的知名十八线男演员，我帮他推车15分钟，没收他钱。

"太感谢您了！您人真好……"

我说："不用谢，也不是什么大事，你把我的行程在软件上点一下'结束'吧。"

他说："好的，马上给您结束行程。"

我拿起手机，看了一眼打车软件，显示的是行程1.2公里，收费20元！

一瞬间，我脑子就炸了，差点要杀回去骂没心没肺的司机小伙，心想："我这么高的身家，给你当苦力，帮你推车，没收你钱，你还不给免单？"

但很快，我就平静下来，想了想："算了吧，咱好歹也是60万元/小时片酬的演员，如果我抱着为了免20元车费的想法才去帮他推车15分钟，那样的话，咱就是80元/小时的格局了，太丢面儿了！"

想到此，浑身通透，我哼着小曲，骑着小车，去最近的地铁站赶最后一班车。

三

站立在空荡荡的地铁上，耳畔是车厢里空调的呜呜作响声，冷风吹在身上，我努力控制着自己的情绪，但一阵凄凉的感觉，还是不由得从身上、脚上和身体其他各处湿漉漉的雨水中钻了出来。

看着这空寂无人的深夜、车站、车厢，还有形单影只的我，突然之间有点沮丧，想想这一天，不仅没有什么波澜壮阔的伟大，反倒是遭遇了落汤鸡般的窘境！

想起了高中时曾读到的叔本华说的一句话："生命是一团欲望，欲望不能满足便痛苦，满足便无聊，人生就在痛苦和无聊之间摇摆。"

我掏出背包里的书，消磨地铁上孤寂的时光，在痛苦和无聊之间摇摆的情绪也逐渐散去。

到家时，已是深夜，我换了干衣服和鞋子，家人给我热了一杯牛奶。

我接过牛奶，端坐桌前，默默无语，头发上偶尔还有水滴滴落。热牛奶入口的一瞬间，一股暖流在体内涌动，温暖的气息让我感觉自己又充满活力了。

那一刻，我凝望着杯中牛奶升腾起的热气，突然有了点小感慨：生命的意义不仅在于大富大贵、好酒好肉；生命的意义更在于你被淋湿后，还能感受到温暖；在于你生病时，还有朋友的一声安慰；在于你渴的时候，有人送来一杯水；在于你身处沙漠孤立无援时，出现在你身旁的一只骆驼；在于你绝望时，朋友的鼓励和微笑。

躺下时，我的脑海中回忆起了自己离开时那位司机小哥的身影，他开网约车，大雨之夜拉活，也是期待能挣点钱，但车最终还是被泡了。今夜的他，一定跟我一样经历着沮丧、焦虑和不安。我不知道的是，他是否跟我一样，回到家中时，有人在等，还有人用一杯热牛奶去温暖他？

后来，我睡着了，睡得很香，但做了个令人纠结的梦，梦里还是下着瓢泼大雨，我还是约了那位小哥的车，他的车又进水了，他还是求我帮他，我还是使出吃奶的劲帮他推车。不过，这次推完车，他掏出 20 元给我，我说不要，他说不能让我推了车还收我的钱，硬是要把钱塞给我。

就这样，在推推搡搡之际，我醒了，睁开眼看了看，枕边并没有 20 元的钞票。

我揉了揉眼，捏了捏脸，看了看窗外明亮的阳光。哦！感觉今天又会是个不一样，甚至伟大的日子！

其实，每个人的生活都是一个世界，即使最平凡的人，也要为自己生活的那个世界而奋斗。譬如，那位大雨之夜载客时车被泡水的司机小哥，车被泡了，依然要面对生活；还有更多在七夕之夜单身的男男女女，连门都不敢出，怕受刺激。

生活虽苦，但谁的日子，不是苦熬着呢！

治愈伤痛的不是时间，
而是成长

很多人在我们的生命中来了又走，而所有错的人的离开，都是在为真爱让路，这是好事。错的人离开后，生活还要继续；错的人离开后，是成长的开始。

过好简单的小幸福最洒脱

一

一对年轻的"老夫老妻"来北京旅游，顺便还造访了我这位"素未谋面，却无比熟悉"的老师。

他们两个是同学，医学专业。读专科大一时确立了恋爱关系，专科3年加本科3年，在一起读书并相爱了6年；找工作时，目标就是去同一座城市，结果天遂人愿，不仅同去了深圳，还去了同一家医院。

工作后第一年，他们结束了爱情阶段的长跑，领证结婚，升级为夫妻。之后，这对新婚小夫妻，一起在深圳漂泊，边工作边考研，最终幸运地同时考研上岸。

男生见到戴着口罩的我时，喊了一声："您是石雷鹏老师吗？"

我点点头。他伸出双臂，我迎上去，两个男人深情拥抱；我伸出双臂，和他的妻子也礼貌性地拥抱了一下。

之后，我看了看他们穿的情侣装，问："你们是亲姐弟吗？"

男生笑笑，说："对，失散多年的那种。"

女生说："身边好多人都说，我长得越来越像他了。"

男生面露幸福之迷笑，说："呵呵，是我拉了后腿。"

聊了几句后，我知道了他们的大概情况。男生说："您的课讲得特别好，我听了您的课四级还没过，虽然考上了研，但英语只考了不到 50 分，给您丢脸了！"

我一听这说话风格，果然是我的学生，于是安慰他说："不丢人，能考上研，有读书深造的机会就是成功。"

女生很感慨，说："考研的过程真不容易，我们边工作边学习，您看看，我头顶都快秃了。"

我说："没关系，考上了研会更秃，因为压力更大，但没关系，你们都是学习的料，将来可以给自己植发。"

女孩笑了笑，说："彦祖老师，您还是这么搞笑。我们两个从 2016 年就开始听您的课，这次见到真人有点恍惚，感觉跟见名人一样。"

我说："你拉倒吧！我哪里是名人，顶多是个人名。"

很显然，女生比男生激动很多，因为她之后拉着我自拍了好几张合影。男生呢？聊了几句后，便面无表情地站在一旁，冷眼旁观自己的老婆和一个并不帅气的男人卖萌合影。

合影环节结束，我问："你们被录取到哪个学校了？"

他们说："青海大学，不算特别好的学校。"

我说："青海大学是 211，挺好的。而且，能有读硕士的机会就不错，要知道考研的全国录取率才 30% 左右，多数是没有读研的机会的。"

女孩点点头，说："其实挺知足的，因为自己起点低，所以考研时就没敢选特别高的目标，而且是一边工作一边考研，如果不是我们两个人相互支持，互相打气，估计也坚持不下来。"

我说："要知足，但不要满足，更不要因此停下前进的脚步。"

女孩突然兴奋起来，说："对了，您的励志处女作我们都买了，而且是上市后第一时间买的签名版。"

我说："写得还凑合吧？"

男生点点头，说："嗯，还凑合。"

我瞥了他一眼，说："我假装谦虚自己说凑合，你也跟着说凑合？"

男生笑笑说："这不都是跟您学的吗？"

我说："这一听，就知道是真的亲学生了。"

一番闲聊，忆往昔峥嵘岁月后，我推荐他们去逛逛京城的几个旅游景点。

结果一问，才知道他们这几天去的地方比我去过的还要多。于是，我说："居然去过这么多地方？羡慕嫉妒恨呀！我一会儿要去健身，之后还要写个东西，你们随便找个地方瞎逛逛得了。"

男生说："别呀！再聊五毛钱的。"

我说："你们走吧，但临别之际，咱们合张影吧，毕竟来北京一趟不容易，说不定以后这辈子也见不到了。拍张合影，我发到微博上留作留念。"

最后合影时，女孩还提醒她老公："别把 T 恤上的狗头挡住。"

我呢？趁他们说话的间隙，很没眼色地（故意）站在了他们中间，选了自己最好看的角度用美颜相机拍了照。

男生说："我们考上的学校并不是很好，多不好意思呀！您就别发网上了。"

二

我内心里不由得突然迸发出一些感慨。如果论优秀，这对小夫妻显然并非最出类拔萃的，他们就读的学校也不如清北复交那样光彩夺目，但他们也通过自己的努力，抓住了自己能够抓住的机会去改变。从这个意义上讲，他们是成功的，只要不停下前进的脚步，未来的他们一定会更好！

我说："不完美的机会也是机会，只要能改变，就要紧紧抓住。如果有机会，将来再读个博士，在更高的地方相见吧！"

说完这几句鼓励的话，我送他们到大门口，望着他们离去的身影，内心并不平静。我感慨于这一对青年"老夫老妻"一路的相濡以沫和共同进步，又感慨于他们身上洋溢的那种简简单单的小幸福。

我想，多数平凡人的青春世界里，都应该有奋斗和努力，虽然我们不能时刻轰轰烈烈，但至少在某个时刻，都曾有过这种简简单单的小幸福，这应该就是青春的颜色吧！

三

目送他们离开后，我去了健身房跑步。

身体奔跑在跑步机上的我，思绪飞回到了自己长大的那个村落：原河北省邯郸市邯山区尚璧镇东尚璧村。

村口的一个大爷，衣衫并不光鲜，甚至还有些褴褛。他总是在结束了一天的辛苦劳作后，于夕阳西下时的傍晚，坐在自家门口，喝着几块钱的小酒，抽着几块钱一包的香烟，津津有味地听着老旧收音机里放着的评书。

记得小时候爸爸每次看到这个老爷爷，总跟我说："这个老头真幸福，简简单单。"

十几年前的我并不懂爸爸话语中的意思。十几年后，在跑步机上飞奔的我问自己："现在懂了吗？"

我点点头，告诉自己："好像懂了！"

但很快，飞奔中的我本能地捏了捏大脸，质问自己："真的懂了吗？这是你要的小幸福吗？"

我摇摇头，告诉自己："好像不是！"

我脑海中浮现出另一种简简单单的小幸福：我跷着二郎腿，坐在自家大别墅小花园的凉亭下的藤椅上，与三五好友，品茅台小酒，在吃香喝辣中醉生梦死。

沉醉于这种简简单单小幸福的遐想中的我，一个不小心差点从跑步机上摔下来！看来人还是脚踏实地的好！

将就的爱，不如高质量的单身

一

一个女孩子找到我，哭哭啼啼的。我问："怎么了？"

她说："别人问你都是关于学习的问题，而我现在有个情感困惑想咨询你。"

我问："你表白被拒了？"

她说："不是。"

我又问："被分手了？"

她说："也不是。"

我问："找不到对象，所以孤独寂寞想让我给你分配对象？"

她说："也不是。"

我说："那还有什么好困惑的？"

她说："我有对象，但感觉不满意。"

我问："这年头，有个对象就不错了，总比那些单身到现在连对象都不知道在哪儿的人强很多吧？"

　　她继续说："男朋友家庭条件一般，人还不太上进，三观也不合，但他对我百依百顺。我的困惑是：还要和他继续走下去吗？"

　　我说："你让我想想，因为这事对你而言很重要，我不能瞎给建议。"

　　我闭上眼想了10秒钟，睁开眼后，说："分了吧！"

　　她说："为什么呢？"

　　我说："你能问出这个问题，说明你已经动了分手的念头。现在只不过是想让我帮你确定一下而已。"

　　她说："可我还是舍不得，毕竟他对我好，百依百顺。"

　　我说："图什么都可以，千万别只图他对你好。"

　　她问："为什么？"

　　我说："对你好是基本要求，不是终极目标。目前的百依百顺是暂时的，而三观不合会导致以后吵架，甚至打架。记住，你要找的是个灵魂合拍的人，不只是温顺听话。"

　　她说："可我还是下不了决心，怎么办？"

　　我问："你怎么评价自己？相貌如何？是否努力上进？是否能力出众？如果你也只是来人间凑个数，就别嫌弃人家不上进了。"

她说："颜值上，大家都差不多，不过我们曾经一起定的目标，我通过努力都一个个完成了，但他还是原地踏步。"

我说："能具体点吗？举个例子。"

她说："比如，我们约定一起早起，努力听课学习，一起过四级，他答应了。我学得可带劲了，但他没坚持几天就放弃了，我说了他几句，他依然不愿意改变，还跟我吵了一架。最后，我四级考了 500 多分，他考了不到 400 分。"

我说："词汇量不一样的人，确实不适合在一起。"

她又说："还有，我当时读了您的新书《永远不要停下前进的脚步》，热血沸腾，恨不得一天 24 小时都去学习。我便推荐他读一读，结果他一个字也没有看。您说气人不气人？"

我说："连我的书都不读？我认为这样的男孩子不配有女朋友，他身为你的男朋友，我替你丢人。"

她说："石老师，您不会是因为他不读您的书，因此感到气愤，说气话让我跟他分手吧？"

我说："是的，我确实是这样的人，但更重要的还是你提到的两点：不上进和三观不合。家庭条件不好，还不上进？那我有理由怀疑他对你所谓的'百依百顺'只是因为家庭条件不好，感觉配不上你才选择这样的。而且，你说他百依百顺，你让他努力、让他上进时，他什么也听不进去。一事无成的顺从，没有意义。"

　　她说："是呀，现在我们已经快入不敷出了，以后要是再考虑到结婚生子、柴米油盐，我就觉得好恐怖、好可怕。"

　　我说："必须声明一点，我不了解你们之间的具体情况，而且也只是听了你的一面之词，所以我说的话仅供你参考。你要是真跟你男朋友分手，千万别跟他说是我劝你分手的。我这个人，虽然是一向劝分不劝和，但我也担心你男朋友知道后要来揍我，毕竟我还是惜命的。"

　　她说："谢谢石老师，我现在知道怎么做了。"

　　我说："最后，再嘱咐一句吧。你还得问问自己，你们之间是否还有真感情，他本质究竟是懒惰的咸鱼，还是只是暂时跑不快而已？如果是真咸鱼，该分就要早分，因为你要找的是一起打拼美好未来的人，又不是要养个儿子！"

　　最后，我还把这个问题发到了微博上。结果，微博上的"吃瓜群众"兼热心网友们表现得异常积极、活跃。他们纷纷在评论中建言献策，几乎是一边倒地劝分不劝和。

二

坦诚讲，虽然我在劝别人分手，但我也知道，毕竟曾经爱过，即便和平分手，也不是什么愉快的事情。

F.S.菲茨杰拉德在《了不起的盖茨比》中说："世上没有任何美丽是不包含刺痛的，没有刺痛就不让人感觉它正在消逝。"

我想，爱情的美丽，多半在结束时也会伴随着刺痛，没有刺痛的分手多半是没有爱过，或爱意随时间流逝不再浓烈了。

刺痛是刺痛，但我们总要在一段亲密关系走到尽头时，勇敢地跟过去说声再见。将就的爱情，不如高质量的单身；将就的爱情，也不如有趣的单身。

将就的爱情中，一方全心全意的付出，可能换来的是感动，但未必换得来心动，长此以往，双方都累；将就的爱情中，朝夕相处的陪伴，可能产生依赖，但未必产生爱情，这样的情侣还未享受浪漫，就已经步入老夫老妻、柴米油盐、苦熬日子的模式。

我年轻时，经常听到身边的男人议论女人，大家都会谈到自己心目中理想的女生。很多男生都想找个不吃醋、不找事、不挑理、不无理取闹、不黏人，甚至你对她好不好她都不介意的女人，但问题是：这样的女生身上有诸多的优点，人家凭什么爱你？

所有的爱，从最初的热烈，到中间的平淡，再到最后将就不下去时的离开，其实都并非突然的决定。人心，慢慢变冷；树叶，渐渐变黄；故事，缓缓写到结局；爱，因为失望太多，才在日复一日的平淡中变成不爱。

低质量的爱情，不如高质量的单身，和不合适的人在一起，代价太大。宁愿错过，也不要将就；宁愿保持单身，也不在拧巴中爱得难受。

对了，如果你已经下定决心去结束将就的爱，就不要再想着回头了。回头看错过的风景，只会错过更多。何况，那些失而复得的东西，即便回来，也不再是原来的样子了。

放不下的都是枷锁，离不开的都是牢笼。结束时，可能会有刺痛，但请安心离开，就当风没吹过，你没来过，我没爱过。

错的人离开，都是在为真爱让路

一

这些年，考研的人越来越多，作为考研英语写作辅导老师的我，也算搭上了这趟历史的快车。

靠着这份还算体面的工作，我不仅挣了点小钱，完成了养家糊口的重任，还经营着微博、公众号、抖音和 B 站等自媒体，也算有点儿小名气。

我经常说，考研这件事，你可以说它不重要，因为它就是个考试，即便你不考研，但只要玩命努力能磨炼一技之长，未来过得同样差不到哪儿去。

我也经常说，考研很重要，因为考上研，就有机会改变未来的人生走向。比如，有更多选择的机会，找到更好的工作，结交更优秀的朋友，遇到更合适的人。

但无论怎样，踏上为理想拼搏的奋斗之路，就要承受很多生命之重及生命之苦。

我很理解，也很心疼自己的这些学生，他们要熬一年，会掉很多头发，长很多肉，还要面对失眠、焦虑，甚至在夜晚中哭泣，又在早上醒来时继续咬牙坚持，这是很多考研人的常态。

每年12月下旬，进入考研初试的冲刺阶段，多数考研人正忙于冲刺复习：背政治，刷真题，默写英语作文的句子，啃高数题。

能在这个关键时刻心无旁骛地复习，也是一种幸福，因为有人除了经历这些，还要应付狗血的爱情。

比如L同学，她在公众号给我留言说："考前一周，发现谈了两年半的男朋友脚踩两只船，而我报考的，还是他所在城市的大学。"

她问我："感觉天要塌下来了，复习不进去，怎么办？"

我说："考上研究生，到他的城市，找个更好的男朋友。然后，天天在他面前晃悠，气死他，后悔死他。"

L说："果然是我的石麻麻，劝人都能劝得这么解气！"

我接着说："事实上，每年都有很多同学跟你一样，考前遭遇失恋，但最终也有不少同学咬牙坚持了下来，最终上岸。希望你加油，希望你成功！"

L说："我懂了。"

二

曾经我嘴笨，不会劝人，更没有劝过人。现在，我依然嘴笨，依然不会劝人，但因为几乎每年都有同学跑过来问我类似的问题，我见的多了，开导的人多了，劝人的次数多了，最后在类似的问题上，总算是劝出了点门道，总结了点话术。

其实，不只是有考前几天遭遇失恋，或被分手的，还有更狠的。比如，有人说自己是考试当天被对方单方面分手的；还有个姑娘说自己考前那几天，白天男朋友陪自己学习、吃饭，晚上就去别的女生那里鬼混。

之前，我以为如此狗血的事，多半是编剧凭想象力编出来的，但后来见得多了才发现：生活是最好的编剧，因为真实的人性也只有在残酷复杂的生活中才会暴露无遗。比如，那位考试当天提出分手的，你就不能等一两天吗？作为曾经陪伴过的人，干吗要做得如此决绝呢？

尽管生活就是如此无情，但我依然想说：

很多人在我们的生命中来了又走，而所有错的人的离开，都是在为真爱让路，这是好事。错的人离开后，生活还要继续；错的人离开后，是成长的开始。

你要成长，要靠谱一些。一个靠谱之人的字典里，不应该只有爱情，还要有亲情、事业、友情、兴趣爱好、梦想和远方。

这样，即便你的爱情出了状况，至少还有其他部分在正常运转。只要有这些要素在，你的人生就不会因为某个部分的缺失而崩盘。

四个月后，我收到了 L 同学考研上岸的好消息。

不仅如此，她还在公众号文章结尾处给我打赏了 10 元钱。她留言说："感谢'石麻麻'，在我考前被劈腿的人生至暗时刻，是您的鼓励和开导带给我光明和前行的力量。"

我说："谢谢你对我的赏赞。经历这般狗血，你有什么想对自己说的吗？"

她想了很久，说："分手后，就一直逼着自己忙，忙着准备复试，忙到没时间体味分手的伤痛……今天收到录取通知，除了喜悦，还有点迷茫。"

我说："吃了爱情的苦，即便分手了，考上研也不亏，因为你有了更多更好的选择。"

她说："突然觉得自己努力了这么久，终于独立坚强起来了。现在的我，虽然失去了爱情，但拥有了更好的自己。"

我说："你失去的不是爱情，只是一个不对的人而已。到了读研的城市，找到更优秀的男朋友后，你会不会去前任面前秀一秀，气死他呢？"

L先发过来一串惊叹的表情包，然后说："我吃饱了撑的吗？他配吗？他这样的渣男值得我浪费时间吗？"

我一听秒懂，这个姑娘已经释怀了，站在更高处的她，更潇洒、更明白了。

最后，我问："你考上了哪所学校的研究生？"

她说："大连理工大学。"

我说："厉害！"

她问："厉害啥呀？"

我说："理工科学校，优等生多，帅哥多，机会也多。"

她说："老师，你又开始不正经了！"

三

此刻的我，喝着红酒，记录下这个并不好玩的故事。同时，我还想说的是，生活除了狗血，还有很多美好。

因为教过的学生数以百万计，我越发觉得一切皆有可能。比如，每年有很多坚决不恋爱一心考研最终上岸的，有很多情侣一起考研最终同时上岸的，有考研上岸后变成情侣的，还有第一年上岸的学姐帮助第二年上岸的学弟后，最终成为情侣的。

有没有对象和能不能成功之间，没有必然联系。在追梦的路上，能有知己相伴，当然美好，但如果遭遇狗血般失恋，请记住：错的人离开了，都是在为真爱让路。

错的人离开了，你好好爱自己，考上了研的你不亏，美梦成真的你也不遗憾。好好爱自己的你，才有资格去享受高质量的爱与被爱。

所以，趁年轻，少吃点，毕竟吃多了容易脸大腰粗；少点胡思乱想，你有矫情的时间，还不如去跑步健身，去读书，去听课，去学习，去磨炼一技之长。

始终在成长路上变得越来越优秀的你，将来才会更自信地站在心仪的人面前去追求，或接受属于自己的爱情。这样的你，即便没人爱，也学会了好好爱自己。

治愈伤痛的不是时间，而是成长

一

　　给别人的新书写书评，对我来说是一件有点尴尬和进退两难的事情，至少目前如此。

　　一方面，我的文字拙劣，看的书也不过几百本，输入不足，产出能力自然有限。让我写书评，宛如让一个首次怀孕且尚未生产的女人去评价别人的育儿成果，可以评，但难免偏颇。

　　另一方面，写书评，尤其是给好朋友写书评，如果不吹嘘几句，不写几个"好厉害"或"一定要读"之类的语句，便觉得心生惭愧，对不起曾经喝掉人家请客时带来的好酒。事实上，像我这种自吹自擂已成习惯的人，吹捧别人，自然也是信手拈来，但隐约间，觉得这样做有失文人的风骨，文人之间应该"相轻"，而不是"相吹"。

　　更要命的是，我很容易入戏，且入戏较深。早前，读《仓央嘉措传》，我的目光游走于文字之间时，竟然于恍惚中，感觉自己变成了雪域高原上那个真诚善良、多愁善感的六世达赖喇嘛；心情随着文字跌宕起伏。最后，在佛心和凡心的撕扯中，在单纯个性与复杂政治的对抗中，痛苦又快乐地离开尘世。

凡此种种，写书评，对我来讲，着实不易。但好友李尚龙的新书出版，还是要写写书评的，因为这位百万"滞销书作家"答应了要给我即将出版的新书作序。我要是不趁机拍他几个马屁，我新书作序这事，怎么有脸向人家开口呢？

而且，在李尚龙原创的第一本小说《刺》改编并拍摄成网剧时，他还力邀我远赴厦门出演剧中的女主韩晓婷的高中生物老师这一"重要"角色。

很快，该剧就在优酷上映了，我也得感谢原著作者、制片人、导演等，在剪片时，顶着各种压力，保留了我3秒钟的镜头。

二

初次读该书时，书还没有正式上市。我们阅读的内部版，书名暂定为《四大金刚》。

记得那一夜，北京下着淅淅沥沥的小雨，我辗转反侧，无法入眠，想了很多很多，却没有落笔成文去记录作为一个读者的感受。

为了写书评，我第二遍读完该书，此时书已经出版发行，书更名为《我们总是孤独成长》。

二读完成，也是在一个雨夜。但我发现更难写书评了，无论是寥寥数语，还是长篇大论，都无法囊括书中的精彩，也无法勾勒出我作为读者在阅读过程中心绪的跌宕起伏。

写多了溢美之词，难免让人觉得我吹嘘过甚；写少了溢美之词，又心有不甘。

在此进退两难之际，我下定决心：不写了。

看了看时间，已经是晚上11点半，我要先睡一觉，至少今天不再熬夜了。

毕竟，熬夜伤身、伤肾、容颜易老；再者，白天阅读时，出于入戏太深，我哭哭笑笑的情绪难以平静，好不容易出戏了，再不睡就失眠了。

……

结果，你懂的：躺下后，辗转反侧，觉又睡不成了。

于是，起身，静坐在电脑前，听着窗外淅淅沥沥的雨，想了想，既然不写书评了，可以自费购买一些，把这本关于婚姻的治愈小说送给身边的人。

这个想法一出来，我想到了身边很多可能需要读、适合读这本小说的人。

1. 一个哥们儿

他是个花花公子，女朋友平均三个月换一次，像极了《我们总是孤独成长》中的摄影师晓睿。

这哥们儿不是不相信爱情，曾经无数次在喝大了之后嗷嗷痛哭，他恨这样的自己，他向往爱情，羡慕幸福的婚姻，但始终无法，也不知道怎样走出原生家庭（他的父亲也是如此）的阴影。

2. 一个姑娘

她谈了好多场恋爱，每次经历都如出一辙，轰轰烈烈的开始，撕心裂肺的结束。她说男人都只想跟自己上床，她不再相信婚姻，也恐惧婚姻。

每次说完这样的话之后，过一段时间，又奔着结婚去开始一段新的恋爱，每次爱上的都是大她5岁以上的老男人。

3.一个同学

他的职业是医生。家里有五个孩子。他是被自己的四个姐姐带着一起玩大的，读书时，常被人指指点点，说他娘娘腔，笑话他的兰花指。可他在内心中，从未觉得自己这样有什么不好。

这么多年了，他在意别人的指指点点和异样眼神，难受过、抑郁过、找心理医生咨询过。医生告诉他，他需要的是：坚定做自己。

他像极了《我们总是孤独成长》中的化妆师，他需要成为真正的自己，毕竟这么多年，他一直活在别人的世界里，唯独没有活成自己。

4.已婚小青年L

他和他媳妇从大学开始谈恋爱，毕业后一起到北京闯荡。

他们从青春岁月就开始相爱、争吵、牵手、打脸，相爱时如漆似胶，吵架时似五雷轰顶。结了婚，生了孩子，离了婚，又复婚，磕磕绊绊这么多年，谁也看不上对方，又谁也离不开对方。

他们这样，其实没什么不好，但这本书或许能带给他们更好的生活。

5. 一个都市未婚女性

她不是没人爱，不是没有爱，只是不想爱。事业有成的她，收入高、长得高、智商高、情商高，她享受自己现在的生活状态，却每每被家人、亲戚和朋友劝婚、催婚、逼婚。

她生活富足，但苦累不堪。

6. 一个被出轨的兄弟

我的一个好兄弟，最近他的女朋友出轨了。他无法释怀，好几个月了，还没走出失恋的阴影。

他应该读这本书，他应该知道好的生活不是只有爱情，还有亲情、友情、事业、兴趣、爱好、梦想和远方。

7. 好多单身男女

嘴上天天喊着要找对象，却懒得拾掇自己，天天抱着手机感慨爱情的艰难，抱怨自己注定孤独的人生。

他们需要在这本书中，重新认识自己，重新审视爱情和看似遥远却并不远的婚姻。

……

天哪！想到身边需要治愈的人太多，少说也得买好几百本书，又是一大笔银子的花销，罢了罢了，只能怪自己交友不慎。

你可能要问：难道需要读这本书的人，不能是正常人吗？

废话，我难道不正常吗？正常如我的人，读罢此书，也会更珍惜自己所爱的人和爱自己的人。

三

最近，我也在构思自己想写的小说，因此读李尚龙的这本小说，也是对文学创作的学习。说三点令我印象深刻之处。

第一，开头处埋下伏笔。

在小说的开头，埋下了读起来稀松平常，但实际大有用处的伏笔。请你带着好奇心和耐心一直读下去，快到结尾处，谜底方才揭晓。

第二，结束处温暖收尾。

在小说的结尾，最好能够勾起大家无限回忆的同时，又让人产生无限美好遐想。

第三，用伏笔创造惊喜。

如果你在阅读第四部分的时候，没看懂或感觉有点错乱，请别怀疑自己的智商，作者在此处还埋了一个小小的伏笔。所以，你可能需要读第二遍、第三遍。

如果你读了三遍，还是有错乱、茫然之感，那就不用怀疑了，智商确实不足。

如果你读了三遍，还是没懂，建议你保留着这份疑惑和好奇，等该书拍成电视剧、网剧或电影时，再通过观看影视作品揭开心中的疑团。

万一你看了影视化之后的作品，还是没看懂，怎么办？

答案是：找我。我捏着你的大脸，给你讲明白。

四

书中的"四大金刚"——主持人、摄像师、摄影师、化妆师。他们的人生并不完美，他们也是普通人，跟我们一样经历着人生的各种伤痛：穷困潦倒、人情冷暖、至亲离世、爱而不得、情感和心智上的创伤、原生家庭的桎梏、单身的苦闷，当然还有婚姻的困惑。

"四大金刚"其实是四个性格迥异的兄弟，书中讲的是他们在几十年人生路上的相爱相杀、相互扶持、共同成长的故事。

有人说，治愈世间很多伤痛的答案，都要交给时间。而我想说：治愈伤痛的，不是时间，而是成长。

　　而一切的成长，都是从面对孤独开始的，一本好书能更好地陪伴你孤独地成长。

　　愿你像书中的"四大金刚"一样，在经历伤痛和残酷后，依然相信爱，相信美好，做真实的自己，认真享受爱，认真爱你爱的人，珍惜守候你的人。

有的人不配留在你的朋友圈

一

你的微信好友列表里有很多人，但真正跟你有缘，或者互帮互助的，恐怕没几个人吧？近几年，近几月，近几周，甚至近几天，通讯录里聊过天、说过话的人，也没多少人吧？

朋友圈里有很多人不是朋友，也没必要留在你的朋友圈里，因为他们不配。

大家都知道，考研不易，二战、三战更不易，但你听说过四战考研上岸的人吗？

前天，一个2018年考上中山大学基础医学专业研究生的小雨同学跟我说："石麻麻，我前两天发了一个朋友圈，祝贺我曾经的研友今年四战终于考研上岸了。"

我说："这不挺好的吗？不管是几战，最终去了自己想去的地方，值得祝贺！恭喜你的研友。"

小雨说："我是真的替他高兴，因为我是二战考上的，知道其中的不易。但评论里有些人在调侃暗讽，说他是因为今年扩招才考上的。我看到后心里真的很不舒服，无论怎么考上的，难道不应该先祝福别人吗？搞得好像是在酸别人一样。"

我说："是不是因为扩招考上，我不知道。即便是扩招能考上，也是对方实力的体现啊！难道今年所有扩招考上的人，都很丢人吗？评论的这个人是不是自己没考上，所以酸别人？"

小雨说："他其实挺优秀的，本科是985，自己考研也很顺利。"

我说："那他这样的人，智商或许还行，但情商很低。习惯以高高在上的姿态，藐视他人努力的价值和成果的人，不会是什么好人。我如果是个医生，就把他的嘴缝上；任何为梦想努力的人，都值得尊重。"

小雨说："石麻麻说得对，一直在努力前行的人，都值得尊重。"

我继续说："马云参加了三次高考，才考进杭州师大，讽刺马爸爸，有意义吗？俞敏洪也参加了三次高考，考进了北大，嘲讽他，有意义吗？"

小雨说："我懂了，而且是豁然开朗。"

我说："这样的人，即便将来身居高位，目光和格局也会很小，因为他的眼里只有自己的优秀，不懂得尊重别人的努力。这样的人拉黑或删除吧，没必要留在朋友圈里。"

我不知道小雨最终有没有将对方拉黑或删除，反正我认为，没必要留这样的人在自己的朋友圈里。我觉得留着这样的人在手机里，对不起我的手机。

当然，有的人脸皮薄，不好意思直接删除，或觉得留着将来还有点用，建议设置不让他看你的朋友圈，也是一种放手。

我认为一个人心智成熟的表现，就是他能越来越宽容地接受一切。

相反，我认为成长是一个逐渐剔除的过程，知道自己最重要的东西是什么，知道不重要的东西是什么，知道应该跟什么样的人深交，知道不该在什么样的人身上浪费时间。而后，君子和而不同，做一个简单的人。

二

同事 Evelyn 是个年轻貌美的女老师，她在教学之余，经营自己的微博、公众号和抖音，做英语学习的知识分享，搞得风生水起。

昨天午饭后，我正在啃苹果，她似笑非笑地朝着我走来，眼睛直勾勾地盯着我手里的苹果。

我笑了笑，把吃了一半的苹果递过去，说："不好意思，苹果只有一个，要不你将就一下把剩下的半个吃了吧！别介意，我没洗手，苹果也没洗。"

她也不看我，继续盯着苹果，问："这是你自己买的吗？"

我假装一脸的委屈，说："好像不是，我看你的工位上有一个苹果放了好几天没人吃，我想不能浪费呀！可谁知道，刚咬了几口，你就出现了，真晦气。"

Evelyn笑了笑，说："看在你这么可爱的分上，我就不说啥了，毕竟你还在长身体。"

我说："哦，还是你会说话。"

她叹了一口气说："别贫了，跟你说个正事，帮我出出主意！"

我问："什么事？"

她说："很多年前，因参加前公司组织的教师培训，加了一个男老师的微信。这几天，他不断地给我发微信……"

我作为一个资深"吃瓜群众"的热情立即高涨起来，问："难道是跟你表白了？还是撩你了？"

Evelyn赶紧摆手，连着说了好几个"NO"。

我说："那还能有什么事呢？"

　　Evelyn 说："这个男老师说，他本打算通过他们公司法务起诉我抄袭，但发现我在他的通讯录里，就直接告知我，希望我不要再抄袭他的。"

　　我问："这个老师叫什么名字？你听过他的课吗？"

　　她说："叫宋 ×× ，可是他的课，我一节也没听过。"

　　我说："我也没听说过这个名字，更别说听过他的课了。"

　　我又问："他说你抄袭他什么内容了？"

　　Evelyn 说："我做了一个视频，发在了抖音和微博上，分享的内容是精听考研的'五步法'。"

　　我说："这个内容我很清楚，是咱们几个听力老师一起教研讨论，最终统一意见确定的'五步法'。怎么成了他个人的成果了呢？"

　　之后，我立即联系了其他几个听力老师，问他们是否听说过这个老师，是否听过他的课程，结果大家连他是谁都不知道，更别说听过他的课了。

　　Evelyn 问我："怎么办呢？"

　　我安慰道："咱不惹事，但没必要怕事。咱心中坦荡，底气十足。这样的人，随他去吧，兵来将挡水来土掩，咱不怕。"

　　Evelyn 说："其实想想，这件事说明宋 ×× 这个老师的教学水平可能还不错，因为他说他的方法和咱们的相似。"

我说："没听过他讲课，不知道教学水平如何，但脑残的段位还挺高的。"

Evelyn 问："为什么这么说？"

我说："咱们教研统一商定'五步法'的时候，也没说是自己原创的，因为早在 20 世纪中叶，中国老一辈外语教学专家就提出来了，而那个时候他还没出生，现在竟然恬不知耻地说是自己原创的。"

Evelyn 沉默了几秒。

我接着说："你交友不慎呀，微信里居然还有这号货色？赶紧拉黑吧！"

Evelyn 是社交达人，喜欢在社交场合加陌生人的微信。我劝她："别随意让别人加你的微信，也别随意加别人的微信。如果加了一些不该加的人，结果是恶心自己，又何必呢？"

三

前几天，一个微信名字是一堆乱码的人突然给我发信息，请我帮忙在朋友圈接力转发优惠购物券。

我回了一句："不好意思，不能。"

那个名字是一堆乱码，头像性别不明的人说："石麻麻，你不善良了，连这个小忙都不肯帮？"

我拿起手机，直接把他删除并永久拉黑了。

事后，我非常后悔。我捏着自己的大脸问自己："直接删了不就行了吗？为啥还要废话几句呢？"

我相信，你的通讯录里，一定还躺着一些从未沟通过的人；你的朋友圈里，一定还留着一些不是朋友的人。

你需要断、舍、离。你离开一个无聊、无趣、无知的人，生活的朋友圈里就多了清净，少了纷扰。有的人，没必要搭理，因为你要跟讲道理的人讲道理，不要跟无知的人讨论知识，毕竟你的生命有限，有的人不值得你为其挥霍时间。

为了清净、为了自己、为了美好生活、为了世界和平，有的人，没必要留在通讯录里，更没必要留在你真正的朋友圈里，因为他们不配。

4

第四章

你偷时间的懒，
岁月就偷你的年华

无论身处何种环境，我们最大的对手永远是自己；在没有办法改变环境时，更重要的就是你每一天的努力了，让今天的自己胜过昨天。在日复一日、年复一年的进步中，你的阶层跃升或许就是水到渠成的事情了。

在静水流深中实现自我跃迁

一

一个同学在微博上问了我一个问题。他说："彦祖老师，读研了，但落差特别大，怎么办？"

我说："别嘚瑟了，你好歹还有读研的机会，其他很多人使出吃奶的力气，即便挤破头也不一定能拿到读研的入场券。"

他说："可是，我现在觉得研究生教育真的很水，素质极差。"

我一听，知道这孩子有点偏激了，于是问："怎么回事？你详细说说。"

他说："我读研的专业是非常不错的，但学校却是个双非，读了半个学期，学校给我的整体印象太差了。"

我说："然后呢？"

他说："整个人都气馁了，再也提不起心劲了。"

我问："也就是说，读研的生活，跟你当初想象的完全不是一个样子，对吗？"

他说："是的。您说我该怎么办？"

我说："退学，然后重新考个更好的学校。读研选学校，就像谈恋爱，如果你看不上对方，甚至觉得对方不是你想要的类型，还吊着人家干吗，这不就是渣男吗？"

他说："我真服您了，我正儿八经地跟您诉苦求教，请您给点建议，您却跟我扯风花雪月。"

我一听，乐了，说："我也真服你了，我在正儿八经地帮你想办法、提建议，你却是狗咬吕洞宾，不识好人心。"

他说："我要是有退学的勇气，还用跑来问您该怎么办吗？"

我说："你就是渣男，你此刻的心态，就像恋爱中的一个渣渣，觉得对方不完美配不上自己，但还没有恢复单身、孤独度日的勇气。"

他说："老师，我连个对象都没有，您就别举这样的例子，往我伤口上撒盐了吧！"

我说："要不这样，你在目前就读的学校里找个对象，谈个恋爱，说不定就会改变对这个学校的看法了。"

他说："可我现在没心情谈对象。"

我说："没心情谈对象，没心情学习，没心情看书，你有心情做点什么？"

他说："我只后悔自己当初不够勇敢，没能去报个更好的学校。"

我说："现在勇敢点，也不晚。"

过了好一会儿，他才回复说："可是考这个学校，我也是非常努力才考上的，直接退学去考更好的学校，耽误时间不说，万一考不上怎么办？"

我说："也就是说，你讨厌现在的学校，觉得与你想象中的学校落差很大，特别想去更好的学校，但如果要你退学重新考研，又没有足够的勇气迈出这一步，是这样吗？"

他说："大概是这样吧。"

我说："要不你尝试一下'以毒攻毒'的方式转移一下注意力吧。比如，关注一下这些天娱乐圈的新闻吧！比如，出轨的、隐婚的、瞒着霸道总裁偷偷生娃的、紧急辟谣的，当个愉快的吃瓜群众，就当散散心排解郁闷了。"

他说："好的，听您的，我试试，但我觉得这好像不是正常人的正常建议。"

我说："哈哈哈！我跟你扯了这么多，其实就在等你情绪稳定下来，因为很多问题本身是情绪问题，先解决情绪，才能更好地解决问题。"

他说："确实没有刚才那么烦躁了。"

我说："你嫌弃就读的学校不好时，就应该先问问自己：图书馆的书都看完了吗？专业相关的能力都具备了吗？学术能力和更高的位置相匹配吗？如果任何一项答案是否定的，你应该做的，首先就是提升自己！也别说导师不够厉害，导师再不厉害，难道懂的没你多吗？"

他说："应该比我多。"

我说："那就先好好跟着导师学，学就比不学强，多学就比少学强；当你自学效率低下时，听课就比自学强。"

他说："这不是您考研时经常鼓励我们的话吗？"

我说："是的。当初这么说，重点在最后一句，主要是想诱导你们报班学习。"

他说："天哪！我一直以为您这是在鼓励我们，原来都是套路，都是心机。"

我说："这句话当初是套路，但也是真心建议，现在还是。另外，你提到现在的研究生教育水平差、素质极差，我觉得这样的评价，你没资格说。"

他说："我觉得有，毕竟我在读研。"

我说："即便现在的研究生教育水平差，也不意味着你就应该差。身为一个刚考上研，啥都没学到的新人，你不配说这样的话；还有，你说身边的人素质差，凭什么？你对人家的了解有多少，怎么就能断定别人都不如你呢？"

我噼里啪啦地打着字，感觉就像小钢炮一样发射出一连串的炮弹。网络的另一端，是久久的沉默。

我接着说："之前，有人跟我说读书没有用；我跟他说，不是读书没有用，而是你没用。今天，同样的话送给你，不是学校差，是你此刻的心态差。"

过了好久，他说："我大概懂了。"

我说："懂什么了？"

他说："我应该调整、摆正自己的心态。"

我说："这还不够，摆正心态后，还要立即行动。"

他问："能具体给点建议吗？"

我说："要么退学重新考，不考个名校的研究生决不罢休；要么就别浮躁，告诉自己，环境确实重要，但决定你人生高度的一定不是你在哪所学校读书，或你身边的人素质是否高，而是你是否选择玩命努力。别抱怨环境差，你有抱怨的时间，还不如去更好的学校旁听课程。如果因为某些特殊原因去不了，至少可以去网上听行业里厉害的老师的课程，去读行业大佬写的书。"

他说："我知道了。"

我说："这还不够。如果你真感觉委屈，觉得在目前就读的学校读书配不上你的努力，但又不想再考一次研，那就请你现在就立志考博吧。读博士时，再考到你想去的名校，也算曲线实现梦想。"

他说："豁然开朗。"

我说："豁然开朗个头呀？估计过两天，你还会陷入类似的自我清高而引发的烦恼中。"

他说："那我该怎么办？"

我说："如果再有这样的情绪，说明你闲得慌，没目标、没事干的人才会天天想着乱七八糟的破事而没有行动。"

他说："好的，等我考上博士后去北京看您，到时候给您带好吃的。"

我说："你拉倒吧！这样的话，我听了不知道多少次了，你先考上博士再说。"

他说："好的，没考上博士之前，我没脸见你。"

我说："有这样的志气，厉害了。"

二

深耕在线教育行业这些年，身为考研英语培训老师的我，由于职业的特殊性接触了很多中国二、三线城市，还有四、五线大学的学生。他们之中，很多人跟我抱怨过，说自己就读的学校差，身边的同学都在混日子不学习，觉得待在这样的垃圾学校里看不到希望。

每次听到这样的抱怨，我总是像个妈妈一样苦口婆心地劝说，告诉他们个人努力比环境更重要。再普通的学校里，也有人出类拔萃，也有人混得风生水起。即便身处名校，如果自己不努力，没能磨炼出一技之长，顶着名校的头衔也经不起社会的毒打。

劝人劝得次数多了，连我都觉得自己很烦人。有时越劝越无力：一是因为精力、能力、影响力有限，不可能帮到所有有需求的人；二是很多人刚刚听了我的劝，热血沸腾了几天后，虎头蛇尾，又回归到之前的老路上，照旧睡着懒觉、刷着手机，重新开始了颓废的生活。

每每遇到这样的尴尬时，我真恨自己，恨自己不能直接空降到这些人的面前，当着他们的面抽自己几个耳光，然后说："身为你们的老师，教出你们这样的学生是我的失败。"

在无法体罚学生的情况下，我觉得只有这样，才能唤起他们的良知和羞愧感，但这招我至今没试过，因为不舍得抽自己。

根据相关数据：2020 年全国高考报名考生人数约为 1071 万人，高考招生人数约为 867.51 万人，其中本科录取人数约为 471.24 万人。也就是说，有机会读大学的人中，约有 400 万人读的不是本科，读本科的 470 多万人中能进入 985、211，双一流院校的人更是少数。

脑子中想着这些数字的我突然明白了：这不就是典型的金字塔结构吗？这不就是《塔木德》中犹太人信奉的"22∶78 法则"吗？这不就是意大利经济学家巴莱多的"二八定律"吗？即便不是，也是何其相似呀！

在金字塔形的社会中，身处底层的一定是大多数。"22∶78 法则"和"二八定律"说的都是一个道理：80% 的财富和资源掌握在 20% 的人里，而 80% 的人只拥有社会财富和资源的 20%。我猜想，身处同样的社会阶层之中，80% 的人会安于现状，也只有 20% 的人会真正采取行动去改变，而采取行动的 20% 之中，又有 80% 的人中途放弃了，只有 20% 的人能坚持到底。

如果今天的你，身处的环境不理想，改变的方式至少有两个。

一是换个环境，从头开始。当然，这需要勇气，因为不仅有风险，还得一切从头再来，但这样做至少有了改变的可能。二是如果无法改变环境，那就改变自己。把该做、能做、想做的事情先做好，在岁月的静水流深中一步步积累自己的能力。最终在机会来临时，一把抓住，快速实现自我跃迁。

一味挑学校的毛病，说得好像自己水平就很高一样，这就属于典型的眼高手低，吃饱了撑的。有能力的人在什么样的环境中都行，没能力送你去清华也没用。所以，别老说自己的学校烂，如果在一般的环境中尚且无法做到出类拔萃，你有什么脸说是环境耽搁了自己呢？

如果你今天就读的学校不值得你骄傲，那就努力先成为一个优秀的人。这样的你，将来既可以实现英雄不问出处，也可以让你的学校以你为骄傲。

我听很多人抱怨，当今社会的阶层越来越固化，富人越来越富有，穷人越来越穷困。阶层固不固化，我不知道也不关心，但我知道的是优秀的个体永远不会被固化；可怕的不是阶层固化，而是你思想的固化。

与身边的朋友相比，我的确算不上优秀，但我自己还是从小村庄一步步走到大城市，也算实现了一点点阶层跃升。虽然至今未能实现财富自由，住上大别墅，开上豪车，但至少我知道：努力才有改变的机会。

我身边有很多从底层社会跃迁而来的牛人。他们的起点跟我一样，甚至更低。他们有的人读书的学校更差，但他们都没有因为读的学校不够好，就否定自己努力的意义，更没有因此而气馁。

事实上，无论身处何种环境，我们最大的对手永远是自己；在没有办法改变环境时，更重要的就是你每一天的努力了，让今天的自己胜过昨天。在日复一日、年复一年的进步中，你的阶层跃升或许就是水到渠成的事情了。

学习高手：给自己和别人讲得明白

很多人问我："最好的学习方法是什么？怎么判断自己听课是否听懂了？如何知道自己做过的题是否吃透了？"

今天，分享一个关于成长和学习的故事，希望你耐心读完，不期待你百分之百认可其中提到的方法，但还是希望对你有所启发。

一

2019 年的夏天，当时我就职的在线教育公司还在朝阳门兆泰国际中心办公。某日，一位自称考上研究生的女孩来看我，她也姓雷，名字我就不说了。

见到她，我笑呵呵地问："你考研英语考了多少分？考的分不高的话，就别说了，免得尴尬。"

她说："也不高，只考了 87 分。"

我说："你这个说话的语气，谁教的？"

她说："您说谁教的？除了您，还有谁能教出这么说话的学生。"

我笑了笑，说："满分100，你考87，确实已经很高了。"

她说："要不是因为我的那个笨蛋男朋友，我也不至于只考87分。"

我一听，乐了，问："你说说，你的那个笨蛋男朋友怎么拖累你，导致你英语只考了87分。"

她说："我的那个笨蛋男朋友的英语基础差，我们一起听课。为了确保他能听懂，每次听完课之后，我还得再给他讲一遍。"

我问："你怎么确保你的那个笨蛋男朋友听懂了呢？"

她说："我让他再给我讲一遍，能讲明白，我觉得才算懂了。"

我说："你们怎么做的真题？"

她说："别提了，我的那个笨蛋男朋友啥也不会，每次做完题之后，为了确保他真的懂了，我也是先给他讲一遍，然后让他再给我讲一遍，能讲明白，才算懂了。"

我问："你的那个笨蛋男朋友基础有多差？"

她说："他英语基础是真差，四级考了好多次，最高一次424分，差1分就过了。"

我说："那他最终考研英语考了多少分呢？"

她说："最后考得还不错，80 分整。"

我一听，差点疯了。我说："考研英语能考 80 分，已经是很高的水平了。用一个段子来讲，考研英语如果能考 60+，说明这个同学大学期间真正把英语当回事一直在学；能考 70+，可能男同学没有女朋友，或女同学没有男朋友，一心扑在学习上；能考 80+，一定是某种特殊力量激发了学习的潜能。"

她问："能考 90 分呢？"

我说："能考 90 分的同学可能有双重力量激发了学习潜能。"

她听完哈哈大笑了半天，说："石老师，您真人和讲课时没啥区别，太逗了。"

我说："这段子也不是我的原创，我也是听别人说的。对了，你被录取到哪个学校了？你的那个笨蛋男朋友考上了吗？"

她说："我考上了中国传媒大学，我的那个笨蛋男朋友考上了复旦大学。"

我说："厉害了！虽然他考的学校更好一些，但还是你厉害，毕竟他的成绩是你调教出来的。"

那一刻，她颇为自豪地点了点头！

我说："你知道吗？其实你的考研英语能考 87 分，还得感谢你的那个笨蛋男朋友，因为你无意之中实践了一种很高超的学习理论。知道是什么吗？"

她摇了摇头，说："不知道。"

我跟她开了个玩笑，说："这个就不能再给你讲了，因为这属于知识付费的范畴，想听的话，就得额外交费。"

二

以前，我经常苦口婆心地告诫自己的学生："听懂不等于掌握。听课学习就像读书一样，你读一遍能全部记住吗？这个世界上有没有人可以做到过目不忘？答案是：有。比如《射雕英雄传》里黄蓉的妈妈就能过目不忘。结果呢？结果是她早早就死了。你之所以还活着，要相信自己不是那种过目不忘的人；你一定要有自信，要相信自己不可能只听一遍课或看一遍书，就能掌握全部知识。"

于是，有学生问："那我怎样才能知道自己掌握了呢？有什么标准吗？"

一开始，我也不知道怎么回答这个问题，只能告诉学生多听几遍，多听多思考，多多益善。

后来，跟其他老师一起教研时，比我聪明的老师提出：可以

让学生自己给自己讲一遍，或给别人讲一遍。如果自己给自己能
讲得通顺，讲得明白，或者给别人讲，别人也能够听得明白，这
才算真正掌握了。

再后来，我读到了一些文献才知道：通过给别人讲的方式来
学习，不仅是有效的，而且还是有科学依据的。

1946 年，美国学者埃德加·戴尔提出了"学习金字塔"的理
论。该理论用数字形式形象显示了：采用不同的学习方式，学习
者在两周以后还能记住内容（学习内容平均留存率）的多少。这
是一种现代学习方式理论。

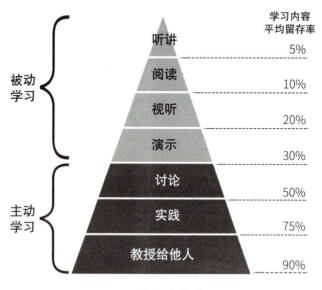

◆ 学习金字塔

其中，听讲、阅读、视听和演示为被动学习方式；讨论、实践和教授给他人为主动学习方式；这些不同形式的学习方法最终的"学习内容平均留存率"是呈金字塔形递增的。

所以，雷同学可能不知道的是，正是因为每次都要给自己的笨蛋男朋友讲，而讲授给他人的过程，无意中帮助她达到了学习内容留存率 90% 的效果。同时，她让自己的笨蛋男朋友再给她讲并且讲明白的过程，也起到了同样的效果。

那天，我还问她："你们把所有的课都听了吗？所有的真题都做了吗？"

她说："其实，课只听了一半左右，近十年的真题也没有全部做完，但听过的课和做过的题，自我感觉掌握得都还不错。"

这件事给了我们四点启发。

第一，不要只是傻傻地努力。

"努力就能成功"是这个世界上最大的谎言，因为一味地努力远没有正确的方法重要。

很多人不是不努力，是不会努力，是无效努力。方法不对，努力白费。那么，问题来了：如何获取科学高效的方法呢？

如果自己琢磨不出来，就去看书或听课学习，因为一般情况下，一个老师数十年的经验总结，一定胜于你几个月苦苦的摸索。站在巨人的肩膀上，是通向成功的捷径之一。

第二，无论是读书、听课学习，还是自学，在保证质量的前提下，数量才有意义。

试想：同样是听一门课，一个同学全部都听了，但什么都没有掌握；另一个同学只听了一半，但掌握了所有学到的知识。那么，最终成长进步较大，在考场上考高分的是谁呢？

答案一定是第二个同学。如果什么都学了，但什么都没记住，就约等于白学。请不要用数量的丰富来掩盖质量上的缺陷。

第三，从"懂了"到"掌握"、从"入门"到"精通"绝不可能一蹴而就。

中国古代先哲孔子说过的"温故而知新，可以为师矣"和德国心理学家艾宾浩斯提出的"遗忘曲线"，都告诉我们一个简单得不能再简单的道理：复习很重要、重复很重要，因为不重复、不复习，你一定会忘。

所以，在平时的学习中，每次开始新的内容前，一定要快速复习一下之前的内容；在考试之前，感觉时间紧张的情况下，要每天复习要点、方法和框架性知识。有了这些，大方向上就不会错。

第四，个体成长最好的方式之一是"溢出"。

好朋友、青年作家卢思浩有段时间失恋了，写下了很多细腻温暖的文字，既治愈自己，也帮助很多人摆脱了失恋的痛苦；中年作家李尚龙经常说，他写的很多文字，表面看起来是写给别人的，其实都是写给自己的，他遭遇挫折时写下的文字既鼓励了自己，也感染了很多读者；新锐作家石雷鹏（也就是我）在他的第一本书《永远不要停下前进的脚步》中写下的那些文字，多半是为了解答学生的迷茫，解决这些问题的同时，最终用文字记录成了一本书。

我们自身为了解决某个问题而去读书、听课、学习，在实践中反复操练，最后，我们付出的努力不仅解决了自身的问题，同时还因为能力的"溢出"而帮助了更多人。这就是共同成长，就是送人玫瑰，手有余香吧。

三

当我将那位考研英语"只"考了 87 分的雷同学和她的那个

"只"考了80分的笨蛋男朋友的故事分享给其他考研的学生时，看看我的学生的反应吧！

他们说："听了这个故事，总算明白自己为什么这么多年英语考得差了。"

我问："为什么？"

他们说："因为缺个对象，缺个给自己讲题的对象，也缺个听自己讲题的对象。"

我说："没对象就自己给自己讲，或者给舍友讲。"

他们就说我不正经。我说："我这么一本不正经，你们愿意听吗？"

他们说："愿意。"

我说："那不就得了。还废什么话，赶紧去学吧。"

哈哈……

你愿意过被时间绑架的生活吗

一

当老师这些年，被学生问得最多的问题之一是："老师，我没有学习的动力，怎么办？"

坦诚讲，身为老师的我并不愿苦口婆心地去讲学习的重要性，因为当一个人真的不想学习的时候，估计任何方法都收效甚微。

或许，这样的人，只有被社会毒打，内心真的渴望成为更好的自己时，才会有十足的动力和定力，默默地静下心去看书、听课、学习。

另一个被问到最多的问题是："老师，我考研开始时猛学了一段时间，但现在状态低迷，很容易焦躁、静不下心学习，该怎么调整？"

当时，我想骂他一顿，连词都想好了：你连静心学习都做不到，还考什么研？你静不下心，一定有人能静下心；你吃不了苦，一定有人能吃得下；你无法咬牙走下去的路，一定有人能走得下去。结果就是，你想考上的研，一定有人能考上，但不一定是你。

但如果只是这样劈头盖脸地一顿臭骂还不够，因为臭骂一顿或许能警醒一时、一天、一周，甚至一个月，却无法解决根本性的问题，甚至让心理素质差的孩子更焦虑，最后放弃。

那怎么办？

二

我想起来自己之前在"飞驰学院"讲授过的一门课，谈到过"精力管理"。于是，我决定亲自操刀，从精力管理的角度给大家提点建议。

第一，精力不是单一的，它可分为四种，分别为：体能、情感、思维、意志。

这四种类型的精力相互独立又相互影响，缺任何一方面都无法构成完整的精力系统。它们构成了"精力金字塔"。

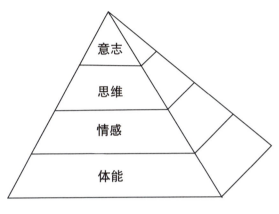

◆ 精力金字塔

　　体能，顾名思义指的是身体层面，包括力量、耐力、灵活性和恢复力等；

　　情感，通常包括情绪、与他人的关系等；

　　思维，是指持续集中注意力的能力，表现为创造力、专注力，现实的乐观主义和大脑的可塑性；

　　意志，是精神层面的，比如，富有责任心和奉献精神，追求人生价值和意义等。

　　第二，底层精力会影响上层精力。

　　（1）"体能"会影响"情感"。比如当你的身体不好的时候，心情往往也不怎么样。

所以，考研的你，一定要锻炼身体（如每天慢跑、快走，或原地运动30分钟），因为你只有身体精力充沛，学习才会更专注、更高效。

（2）"情感"会影响"思维"。如果你的情绪不佳，判断就容易失误。

我曾经多次讲到，单身的人，考研期间尽量不要突然恋爱，为啥呢？因为在考研期间，由于你普遍且长期的焦虑（情感因素），你的颜值、情商和判断力往往都处在人生的最低谷，这个时候，随便什么人对你好点，都可能让你产生误判。

（3）"思维"决定"意志"。很多强大的意志力背后，其实是强大的思考能力。

总结一下，什么是全情投入？全情投入 = 体能充沛 + 情感链接 + 思维清晰 + 意志坚定。

第三，面对不同的精力问题，要对症下药。

（1）考研学习是脑力活动，脑力活动者的疲倦是思维的疲倦，即便身体休息也没有用。

真正需要的是散步、放松、读书等，这种"换脑子"的思维精力补充方式。

所以，如果你发现自己静不下心学习，记住：去散散步、听听音乐，哪怕读点不一定有用但一定好玩的书。总之，需要换换脑子。

（2）考研备考周期长达一年以上（二战、三战的同学更长），这其实跟上班差不多，甚至比上班还累，毕竟每天都要起早贪黑，不仅压力巨大，还要不断地在一次次绝望中寻找希望。

考研路上的倦怠类似于"工作倦怠"，应对这种倦怠，让身体休息可能作用不大。比如，有人选择给自己放假，但放假回来发现更不想学了。这说明，休假不仅不会减轻工作倦怠，反而使其加重了。

工作倦怠的产生，往往是缺乏"意志"的结果。因此，需要在工作、学习中寻找意义感，也就是不改初心，建议把自己决定考研的原因写出来，再次提醒自己。

此时，喝点鸡汤、打点鸡血会管用，比如不停地鼓励自己：考研这件事，永远不是因为看到希望才努力，而是玩命努力之后，才能真正看到希望。

真正塑造我们的是苦难

一

很多年前，身为一个刚入教育圈的新人，讲完课后心里会很难受，因为饱受听课学生的各种批评。有的人嫌弃你废话多，有的人说你笑得太放肆，有的人说你声音太沧桑不够悦耳动听，有的人说你讲的段子太油腻了，有的人说你讲得太快了，有的人说你讲得太慢了……

每次伴随着这样的批评讲课，还得假装坚强、假装乐观、假装大度、假装开怀大笑。但讲完课后复盘时，重新看到这些差评，心中不免有些伤心。一是自己不想承认自己讲得差；二是总觉得这些批评很滑稽，明明自己已经很努力，为什么他们就是看不到？

在这样的情绪下，有时就干脆躲起来，选择逃避，假装"不屑"去看。

后来的我逐渐意识到，好听的话不一定善，难听的不一定恶。

很多听起来让人感觉很尖锐的声音，来自学生毫无修饰和没有伪装的直白表达，仅此而已；如果是面对面，他们或许说不出令人难堪的话，但网络消除了这一障碍，这让他们说话变得毫无顾忌了。

后来的我，还算有些勇气，有些悟性，也在逐渐成长中，把课坚持讲下来的同时还听到了许多赞誉的声音。逐渐地，自信就一点点积攒起来，慢慢地开始喜欢这种被赞美、被欣赏、被认可的感觉。

二

从 2008 年开始讲课到现在，十余年过去了。今天的我，面对来自学生的任何批评和质疑的声音时，已经可以心平气和了。因为我知道，自己确实有很多不足：长得显老、声音沧桑、废话确实多……

后来的我，学会了低调，选择在每次被吐槽前，先吐槽自己。与其让别人说你，不如选择自己先吐槽甚至骂自己，这也成了一种堵上别人嘴的方式。

再后来，因为业务需求，陪一些刚进入在线教育培训行业的老师磨课，自己曾经经历的心理落差和崩溃，在他们的身上又看到了。

前段时间，有位同事离职了。后来，我才知道她因为讲课被学生吐槽，被确诊出抑郁症，但她依然很努力地想做好自己的教学工作；但她最终还是没能坚持下去，永远离开了教育培训这个行业。

任何一个行业，从 0 到 1，成长的每一步，都是用血和泪的经验教训堆积起来的，更是锲而不舍地在崩溃的边缘时告诉自己再坚持一下熬过来的。

考研的学生觉得考研难；考公务员的学生觉得考取公务员跟中彩票的概率一样低；考教师资格证的学生，觉得要背的东西太多太多；想出国留学的同学觉得雅思、GRE、GMAT 都太难了。实际上，想在这个花花世界活下去，谁又不难呢？

人这一生，真正塑造我们的，或许正是这些不堪回首的苦难，而这些你曾受过的苦难终将会被岁月还以温柔。你要是感觉生活很累，提不起精神，这就对了，因为舒服是留给死人的，难走的路都是前进的上坡路。

三

每次上课时，嘻嘻哈哈，快快乐乐，但每次上完课，心里都会难受。这大概就是兴奋之后的空虚和落寞。

曾经觉得自己能讲课，而且能讲好课，通过课程改变很多人的未来甚至命运，是件很有意义的事情。因此，讲课会成为一天之中最快乐的时间。

现在想想，当时的自己是多么单纯、幼稚和可笑，因为一个人只沉浸于做自己擅长且自认为有意义的事情时，视野和眼界会变得越来越窄，见识也会越来越浅薄。

你擅长的东西，也在限制着你；你占据的东西，也在占据着你。所谓成长，就是不断跳出自己的舒适圈；所谓持续成长，就是把一个个"不舒服"变成舒服，然后再持续地跳出去。

现在的我，讲完课后，心里还是会有点难受和空虚，但我知道：要去做一些自己未尝试过的、有挑战性、刺激的事，否则青春就在这止步不前中荒废了。

你偷时间的懒，岁月就偷你的年华

一

2015年，尝试跨界写书的李尚龙老师出版了自己的处女作《你只是看起来很努力》，出版方在北京安排了第一场签售会。

李尚龙说第一场签售非常非常重要，但那个时候可怜的他也没啥人脉。他认识的人之中只有我和尹延充其量还算有点小名气。

于是，我和尹延就成为他新书签售会的演讲嘉宾。出场排序是，第一个是我出场，第二个是尹延，当然，作者李尚龙作为主角最后出场。

那天，我提前半小时到了签售现场。在后台等待演讲时，我问李尚龙："为啥安排我第一个？是要让我抛砖引玉来引出后面更重要的尹延和你吗？"

李尚龙说："其实，第一个讲的人比第二个更重要，因为只要第一个人讲嗨了，整个场子的氛围就嗨了，后面的人才会越讲越嗨。"

我问："万一中间讲的人把场子讲冷了，怎么办？"

李尚龙说："没事，最后这不还有我吗？我再把场子讲热不就行了。"

感到责任重大的我有些露怯地问："要是我讲得不够好，不够嗨，怎么办？"

李尚龙鼓励我说："你自带喜气，只要你人往那儿一站，大家看到你，不用讲场子都会热起来。"

看着李尚龙笃定的眼神，我感觉自己身上有了些许"喜剧演员"的光环。

几分钟的等待，主持人完成了整场活动的介绍后，很快提到了我的名字。轮到我上场了，虽然略有紧张，但我还是勇敢地走上了演讲台。

多年以后，我早已忘记了自己作为签售演讲嘉宾的处女秀讲了什么内容（当时没专门写稿，列了提纲后脱稿讲的），但依稀记得开场时的几句寒暄。

我打完招呼后，说："我是一名在线教育的从业者，很多人听我的声音感觉我 40 岁左右。今天，来到尚龙老师新书签售会的现场，看到真人，你们觉得我像 40 的人吗？"

话音还未落，底下有几个好事的"吃瓜群众"就开始高呼："不像 40，像 50！"甚至，我听到有人喊："像 60！"

伴随着一阵哄笑，开场的气氛热闹起来了。

二

之后，我又受邀参加了好几次李尚龙新书签售会的场子，倒不是因为我讲得好，而是尚龙太高产。他有时一年出版一本，有时一年出版好几本。

作为他的好朋友，我才有机会以嘉宾的身份去站台演讲。这是挑战，也是机遇。多数时候，我是第一个出场，有时候讲得好，有时候讲得不仅不好，还很糟糕。

讲得好的时候，讲的都是以前熟悉的段子；讲得不好的时候，讲的都是刚写的内容，而且是绞尽脑汁，在演讲开始前的最后一刻憋出的稿子。

第一次跟著名编剧宋方金老师同台演讲，是在李尚龙老师新书《刺》的北京签售会上，演讲的主题是"校园暴力"。

虽然在演讲之前我专门上网搜集了相关素材，但直到演讲之前的最后一分钟，也未能把演讲内容准备到自己满意的程度。

去签售会的路上，我在写稿；到了签售会现场，赶紧找了个座位坐下来，我继续写稿。

过了一会儿，宋方金老师来了。李尚龙赶紧把宋方金老师和我叫到一起，介绍我们认识一下。

握手寒暄之后，他们两位就坐在我旁边聊天，我继续写稿。

李尚龙问："宋老师，您的稿子写好了吗？"

宋方金看了看低头写稿的我，说："写什么稿？一会儿我上去直接脱稿讲就行了啊！"

低头写稿的我听到这句话，羞愧得不好意思继续写下去，但我知道自己心里确实没底，只能硬着头皮继续写下去。

耳畔响起了李尚龙夸奖宋老师的声音："还是您厉害呀，我虽然写好了稿子，但还是没背下来。"

宋老师泰然自若地说："那还等什么，赶紧去背呀！不脱稿的演讲，还算演讲吗？"

一旁听完他们这段谈话的我，暗自更加惭愧了。真是相形见绌，人家都准备脱稿，我连讲什么内容都没有完全准备好。

时间在一分一秒中流逝，我紧张地写着稿子，恍惚中听到了自己的心跳声。那一刻，我多么希望时间流逝得慢点，但往往你越是希望时间慢点，它走得好像比平时更快了一些。

走 向 上 的 路

开场前的几分钟，我很焦灼、很煎熬，因为依然没有写好结尾。但很快主持人讲到了我的名字，我意识到：该我上台演讲了。

登台的那一刻，我还暗自鼓励和安慰自己："你的稿子是自己写的，而且是刚写的，应该有印象，待会儿脱稿即便讲得差，也差不到哪儿去。"

结果呢？那天的寒暄开场，依然是热闹的，但讲到中间时，最担心的事情还是发生了：我忘词了。

曾经有那么几秒钟，我尴尬地杵在那里，全场安静得可怕。后半场，我语无伦次，听众心不在焉，我生硬的收尾伴随着听众稀稀落落的掌声结束。

在听众礼貌性的掌声中，我走下演讲台，满脸害臊，心怦怦直跳，落座后也如坐针毡，心里还在嘀咕："讲砸了！讲砸了。"

之后的一分钟，我不敢抬头，因为心里发虚，尽量躲避着别人的目光。在我忐忑不安的同时，主持人已经介绍完了第二位演讲嘉宾宋方金老师，伴随着掌声，宋老师走上了讲台。

我礼貌性地抬头鼓掌，结果眼睛一下子直了：只见刚才口口声声说没写稿，口口声声说要脱稿的宋方金老师站在了演讲台上，他不慌不忙地打开了笔记本电脑。

他开场了："各位读者和朋友，欢迎你们来到李尚龙老师这本新书《刺》的签售现场，我是编剧宋方金。感谢刚刚石雷鹏老师的分享，虽然他讲得并不好（哄笑），但他是脱稿讲的。我一直都认为不脱稿的演讲根本算不上演讲，但是因为我今天参加完了这个签售会后，还要赶飞机去外地，稿子就没能背下来。所以，接下来，请允许我以'读稿'的方式完成今天的演讲……"

那一刻，我几乎石化了，难以相信的是：德高望重的宋方金老师，十几分钟前还口口声声地说着没准备稿子，口口声声说着脱稿，十几分钟后竟然在对着笔记本念稿！

那天，宋方金老师讲得特别特别好，包袱设计得巧，现场的笑声和掌声一波高过一波。我不禁感叹于他的演讲内容，脑子还迷失在他满满的套路中，像一叶扁舟在波涛汹涌的大海中颠簸。

最后出场的是李尚龙老师，他也抱着电脑笑嘻嘻地走上了演讲台，也借口推托自己事太多，稿子没背会，然后就对着电脑以"读稿"的形式完成了精彩的演讲。

这场签售演讲是一个历史性的转折点。因为自此之后，这个圈子里的演讲嘉宾都在宋方金老师的指引下不脱稿了。

最初，大家还假模假样地宣称自己忙，没时间背稿子；也有人以自己年纪大、记性差来逃避背稿的重任。

再后来，这些受邀演讲的嘉宾连托词都省了，大都是抱着电脑直接读稿，只有李尚龙老师偶尔还会找个理由。他是这么糊弄观众的："今天是个特别重要的场合，我知道不能乱讲，所以专门写了稿子。"然后，就开始读稿。

有时，李尚龙也懒得讲任何冠冕堂皇的理由了，二话不说直接读稿。

<h2 style="text-align:center">三</h2>

当然，我今天写下这个故事，并不想教唆可能还是演讲新手的你偷懒不背稿子。相反，我想提醒你的是：有些路，一定要亲身走过，才会有更深的感悟和真切的提升。

就像上文提到的这些演讲老手，他们最初都是脱稿的。是因为他们有了上百场演讲经验垫底之后，才开始偷懒读稿的。但即便是读稿，他们也能很好地把握好整场演讲的节奏：在该停顿的时候停顿，该幽默的时候能把人讲得捧腹大笑，该深情的时候能把人讲得潸然泪下，该励志的时候也能把人讲得激情澎湃。

我还想以过来人的身份提醒你们：偷懒的事情，千万不要尝试。因为一旦开始，就是沉沦，很难抗拒，甚至没有结束。

　　最后，我希望所有像我一样偷过懒的人也能结束沉沦。比如：下次演讲前勤奋点，好好背背稿子。这样下次演讲时可以脱稿讲，显得更洒脱和勇敢一些。

5

谁的人生不是一边告别
一边前行

现在的你，要做的不是去回味过往的痛苦，而是要让自己更强大，因为只有当你能力强悍，内心强大，你才能站在更高更远的地方，你才会像鸟一样飞往你心中的山，去感受生命的无限可能。

内向者的出路到底在哪里

一

首先，表达一个观点：我们要强调一点，内向和外向两种性格并无好坏之分，但相对而言，外向者在工作和生活中的确比内向者更占优势。比如，在各种社交场合中外向者更如鱼得水，能很快结识新的朋友，建立新的人脉关系，工作中更得老板和领导赏识。

接下来，提一个思考题："你最孤独的时刻是什么？"

有人说，自己毕业后租房住的时候，一个人不是看电视，就是看书学习。房间里寂静无声，有时候会对着墙壁自言自语。而这种孤独往往难以言说，也"羞于启齿"，最后放弃抵抗。

网络上此前还流传着一张"国际孤独等级表"。现在看来，一个人逛超市，一个人吃饭，一个人看电影，一个人玩手机等，好像都已经习以为常了。

特别是现在伴随着社交媒体的迅速发展，很多事情都可以通过手机搞定，不需要与人沟通，不需要外出，让我们很多人失去了与别人面对面交流的机会，进而对手机的依赖性越来越大。

事实上，独处不一定孤独，群体的热闹也不代表个体不孤独。有时候，我们自己抱着一本书看着窗外的风景，时而发呆时而阅读，独处一天也不孤独；反而在喧嚣的聚会里，看着别人轻车熟路地寒暄和自在大方地开玩笑时，感觉到莫大的孤独感。

如果你是一个内向者，是否可以考虑用一年的时间来尝试一下那些可能让你害怕的新事物——和陌生人打交道，看看你的生活会有哪些改变？《走出内向：给孤独者的治愈之书》的作者杰茜卡·潘，她是将这个想法付诸实践的人。

首先我分享一个身边的故事。

我的一个朋友，硕士毕业于北京一所985院校，工作已经快十年了，虽然业务很棒，可是在单位一直没有得到重用。

单位组织娱乐活动，他避而不去；召开年轻人座谈会，别人侃侃而谈，他一言不发……

同事说他很高傲，不理人；领导说他对工作不热情，没有用心参与。

其实，只有我知道，大家都误解了他，他只是比较内向而已。

为什么这么说呢？曾经，我是个电脑盲，但是只要我遇到问题找他帮忙，他总是很快赶到，并及时解决问题。空闲时间，我们俩聊工作，聊生活，对自己擅长的话题，他滔滔不绝；不擅长的领域，他总是静静地倾听……

二

要想将内向聊清楚，那么，必须对内向的人的一些基本认知有所了解。

1. 内向的人的特征

内向的人，在生活中比比皆是。他们有什么特征呢？

宁愿宅在家里，也不愿意外出参加集体活动；当众演讲，浑身紧张，语无伦次；公众场合，从不与陌生人讲话，一副谁也不理的架势……

该书作者杰茜卡·潘分享了一个故事。

她所在的公司开了表彰大会，老板要选一个经常在办公室度过周末，留在公司时间最长的员工为其颁奖，美其名曰"午夜加班奖"。他们宣称，这个人全身心扑在工作上，这个获奖者就是杰茜卡·潘。

当时，杰茜卡都蒙了，没有反应过来的她，傻愣愣地走向领奖台，结果还有一些男同事拍了拍她的后背，开玩笑"祝贺"她，"嘲笑"她没有私人生活。

作者把这个奖项当作一个诅咒，虽然她得了这个奖，但她知道自己对工作、对生活毫无热情，也无兴趣。她希望自己成为一个勇于冒险、勇于尝试新鲜事物的人，面对重大问题能深思熟虑，给出解决方案，而不是简单地做个选择题。

内向是一种很普遍的个性特征，它不是一种疾病，也不等于孤僻、冷漠，但你没法改变它。

美国心理学家、心理临床医师马蒂·奥尔森·兰妮在《内向者优势》一书中指出：科学家在有限的对大脑的研究中，得出一个普遍的结论：性格因人而异，并且会受到遗传因素的影响。

人体中的 D4DR 基因，被称为"寻求新奇的基因"，会影响人的性格。如果一个人的 D4DR 基因很长，这种人的性格就是偏外向；如果一个人的 D4DR 基因较短，性格就相对内向。

除了基因不同，研究还发现，外向的人和内向的人在大脑血液流动的流量及方向上也不同。内向的人比外向的人有更多的血液流向大脑，血流的方向也更加错综复杂；而外向的人血流的通路比较短，也不太复杂。

因此，内向的人的大脑会比较敏感，更喜欢自己思考问题；而外向的人则更关注外部世界，喜欢从外面的世界接受新的刺激。

理论上内向或外向无所谓好坏，各有特点。

内向的人的优势有很多：善于思考，能够高度集中注意力；善于坚持，有耐心，能够深入钻研问题，更能够集中注意力做事。

2. 内向的人也向往改变

这些人性格内向，他们以自己的方式工作、生活，发挥着自己独特的优势，大多数时候都很安逸。但在某些时候，也对自己的性格有所不满，渴望改进。

杰茜卡·潘就是一个内向性格的典型代表。她在《走出内向：给孤独者的治愈之书》一书中，详细地剖析了内向的性格给自己造成的困扰。历时一年，她尝试了很多办法，比如和陌生人搭讪，在聚光灯下如何进退，通过社交软件寻找好友、主动出击，不要临时爽约……最终慢慢走出了内向。

你是内向性格的人吗？你渴望改变吗？

3. 内向的你是否蠢蠢欲动，渴望更好的自己？

作为万物之灵的人类，我们有能力让自己成长和蜕变。但是事实是人们普遍对内向的人有偏见，大众习惯以一种外向的方式来看待事情，觉得做事很快、获得了什么成就、得到了什么嘉奖才是成功。而这些特征都是内向的人所不具备的，因此经常被误解，就像我在开篇介绍的那个朋友，虽然满腹才华，却因为性格内向没有机会施展。

杰茜卡·潘也经历了类似的痛苦。她从小就意识到自己性格内向，害怕生日派对，害怕发表演讲，害怕参加团建，甚至害怕每一个高朋满座、推杯换盏的新年夜，就连她与丈夫的相识也仅限于在工位，在两个办公桌之隔的聊天软件上"暗送秋波"，互相暧昧，私底下却不进行任何眼神交流。

虽然内向，但是她掩饰得很好，别人邀请她时她经常以忙为借口拒绝，对于一些抗拒的场合她及时逃避。但是工作和生活中的意外总是不期而至。在北京做记者时，面对镜头她无法做到淡定从容，全身总会控制不住地冒冷汗，心跳陡然加速，大脑宕机，语无伦次，最后不得不辞职。

定居伦敦之后，生活并未如她所愿，她再次失业，闺密搬离了伦敦……这些不愉快的经历让她陷入了抑郁，她不得不重新思考：如果一直这么内向的话，是否还会错过什么？她渴望改变，憧憬着一种更辽阔的人生。

于是，她决定用一年的时间来尝试一下可能让自己害怕的新事物——和陌生人打交道，看看自己的生活是否会发生些变化，这变化会把自己引领到哪里？

她在书中详细记录下自己在面对自己最恐怖的事情时的心路历程，以及最后是如何克服它，最终走向成功的。

<h1 style="text-align:center">三</h1>

内向的性格给我们的工作和学习等带来了不少阻力，那么如何改变内向的性格呢？

其实，这些方法是书中所呈现出来的，让不满足现状的内向的你在内外向之间切换自如。

先看结论：作者说，经此一年，这世上能吓到我的事日减，能控制我的物日衰。

要改变内向的性格，走出自己的舒适区，谈何容易？特别是像作者这种资深内向者，面临的问题更多，每每想到要去与人交谈，违背自己的意愿干一些事情，她的心就要跳出胸膛，手心全部是汗水。

书中作者用自身的经历告诉我们如何克服恐惧。

1. 不管你多么痛苦，都要克服臆想，大胆开始

杰茜卡·潘决定从最简单的和陌生人搭讪做起。

原本在飞机或地铁上，一想到要与陌生人交谈，她就紧张得掌心直冒汗，从而自动开启免打扰模式：戴上耳机，目视前方。

有一次，她坐飞机，和两名男子同坐在一个三排座位上，然后看着邻座这两个男人开始攀谈。他们从交换烧烤食谱到用手机展示各自的全家福，他们谈天说地，畅所欲言。飞机着陆时，他们的关系已经发展到其中一个哥们儿邀请另一个哥们儿去参加他周五的生日聚会了。

这个时候，杰茜卡感到震惊了，6个小时的航班就能让两个人的关系拉得如此之近，那么她每天面对几十个甚至几百个陌生人都视而不见，岂不是很大的损失？

作者意识到，外向的人喜欢与别人待在一起，所以她要做的第一步就是试着和别人交谈。但一想到这个，她就紧张，手心冒汗，因为担心自己出师不利，担心自己表现得太差。

虽然经历了对方的漠视、忽略，经历了自己天马行空的脑补意外画面，杰茜卡·潘还是开启了她自以为的"自我毁灭"程序。

早上8点，她在等公交车时，试图跟别人搭讪，结果那个人看到她就赶紧把脸扭过去。于是，杰茜卡放弃了搭讪。

上了公交车，她找个座位坐下来，旁边一个女士在抱着手机玩"消消乐"，她一边脑补了很多种聊消消乐的开场白，一边紧张得心跳加速，结果呢？还没来得及开口，那位女士就注意到她盯着自己的手机看，于是杰茜卡放弃了搭讪任务。

经历了两次失败后，她有些沮丧，于是决定换个场景。她走进一家陌生的咖啡馆，看到服务员好像很面善，于是她告诉自己：只要能跟他说句话，就算成功。

于是，杰茜卡问人家："你是个新人吧？"她觉得顾客是上帝，服务员应该会很友善地回应她。

结果，服务员面无表情地说："我在这里工作已经三年了。"

身旁的顾客都忍不住笑出了声。

出师不利，信心受挫，更严重的是，杰茜卡差点抑郁了，因为她读到过这样一句话：孤独是导致过早死亡的风险因素之一。这意味着，如果能跟陌生人搭讪，可能会挽救自己的生命，让她更长寿一些。

在她的初次尝试让自己受挫后，她想到自己需要全方位的援助，问题是找谁呢？

这就是接下来，要分享给大家的一招。

2. 寻找专业导师指导，结果事半功倍

经过一番调研，她决定联系波士顿大学心理治疗和情感研究实验室的主任斯蒂芬·G. 霍夫曼。斯蒂芬告诉她：社交焦虑是一种很正常的现象。人是群居动物，我们都希望被同伴接受，不想被拒之于千里之外，如果一个人没有任何社交焦虑，那么这个人一定有问题。

斯蒂芬告诉她"暴露疗法"是治疗社交焦虑的有效方法之一，它能让人直面恐惧。

斯蒂芬问她："你在社交过程中最害怕什么？"

她说："我最害怕陌生人觉得我很古怪或是很愚蠢。"

斯蒂芬说："这样，我们最好编一个最愚蠢的问题，然后你走到一个陌生人面前，把它说出来。"

接下来，斯蒂芬给了一个具体的要求："你要跟一个陌生人说：'不好意思，我忘了，咱们英国有女王吗？如果有的话，她叫什么名字来着？'而且，你还不能找那种看起来很面善的人，比如和蔼的老奶奶，你也不能说'哎呀，打扰一下，我们的女王叫什么名字？'这种多余的语气词。因为这对你来说是安全行为，会阻止你克服恐惧。"

然后斯蒂芬问："你认为你这么做会有什么后果？"

杰茜卡说："如果我真的这么干了，陌生人会觉得我在搞恶作剧，故意撒谎，或者觉得我得了健忘症。对我自己而言，我觉得自己就是一个彻头彻尾的傻瓜。"

然后专家点点头，说："嗯，没错。然后呢？"

"他们会翻着白眼走开。如果是在地铁上，每个人都会盯着我，觉得我又蠢又怪。"

斯蒂芬接着说："这也没错。你问一个人这样的问题，他觉得你蠢，翻着白眼走开了，这就结束了，但生活仍在继续。世界上的人千千万万，有一小撮人觉得我们很蠢，这又有什么关系呢？"

杰茜卡说："可是，一想到这么一小撮人觉得我蠢，我就压力巨大。"

然后，斯蒂芬告诉她，这些都是你自己想出来的，最好找个陌生人试试。

接下来，杰茜卡真的按专家的建议去用愚蠢的问题跟别人搭讪了，她会遭遇嘲笑和白眼吗？

第一个被搭讪的是一位40多岁的大叔，在大叔快要从她跟前走过时，她朝着人家挥了挥手。大叔一个"急刹车"停了下来，很吃惊地看着她。

杰茜卡结结巴巴地问："嗯嗯，那个，英国有女王吗？如果……有的话，她叫什么名字来着？"

大叔满脸疑惑，皱着眉头说："英国女王？"

杰茜卡说："是的。英国有女王吗？她……她是谁？"

大叔说："维多利亚。"

大叔说完就跳上了火车。

这跟她预想的完全不同。于是，杰茜卡又赶紧招呼另一个20多岁的男人，问了同样的问题。小伙子带着困惑和轻蔑的眼神盯着她，然后告诉她："就是维多利亚。"

她又去问了四个女人同样的问题。有些人惊讶地笑了，有些人害怕，以为遇到了精神病，停了下来。她们看杰茜卡的眼神仿佛是在关爱一个有智力障碍的老人，还有人问她是否还好。

作者在描述这段经历时，还自我调侃，她说："万幸的是没人报警，我也没有羞愧至死。"

经历了这一通"严刑峻法"后，作者说自己一阵眩晕，但一路上欢呼雀跃地回了家，心情好极了。因为正是问了一个似乎愚蠢至极的问题，她克服了与陌生人交谈的恐惧。

用这种方法，杰茜卡·潘慢慢从恐惧到享受与陌生人的交谈。

比如，她在咖啡馆吃超级辣的金枪鱼，被呛得打喷嚏，把食物喷得到处都是时，却有个男人说要坐在她身旁。她向人家点点头，做了个"请"的动作，边用餐巾纸擦脸，顺便遮挡一下自己尴尬的表情，讪讪说："不好意思，刚才打了个喷嚏。"

接下来，她就开始跟别人聊天气，即便听出来人家是哪里人还问人家从哪里来，甚至还刨根问底地追问一些自己并不擅长的政治话题。

后来的日子，她数次跟别人谈论天气，问一些让别人尴尬的问题。杰茜卡有时都觉得自己就像一个乡巴佬，在城市中漫无目地地游荡，但她已经走出了第一步，她克服了臆想。

但同时问题也来了，杰茜卡意识到自己这样的聊天并未使得自己和别人建立任何有意义的关系，因为她只是在抛出问题，等待回答。

带着这样的困惑，她向另一位专家求助，这次是芝加哥大学布斯商学院的教授尼古拉斯·埃普利。

教授告诉她："你要更多地表露自己，分享自己的想法和生活，然后尝试多问他们一些私人问题。"

尼古拉斯教授告诉她一些谈话中比较有意义的话题，比如，最喜欢工作中的哪些部分，请别人介绍一下自己的家庭，问别人今年去过哪些有趣的地方。

于是，杰茜卡又开始了自己的行动，这次她遭遇了失败。

经过是这样的，她看到一个 60 多岁的老头，就问："你的家在哪里？"

老头被问蒙了，但还是很绅士地告诉她自己的住所，杰茜卡马上接话，说自己跑步经常路过那里，然后就是一通吹捧，说那是世界上住起来最舒服的房子。

老头嗯了一声，就扭头走了。

但杰茜卡告诉自己，不能轻易被击败，于是开始寻找下一个"受害目标"，这次是个 50 多岁的老头。问了同样尴尬的问题，遭遇了同样的尴尬。

直到最后，她坐公交回家，跟邻座的人搭讪，问人家："你这件夹克哪里买的？我老公也想买一件同款的。"

她为啥这么问呢？因为她试图跟人家说话，但又怕人家误会她是在勾引对方。

对方呢？也被吓了一跳，下意识地抱紧前胸，过了半晌才回答："芬兰。"

其实，这是无用信息，杰西卡关心的根本不是这衣服从哪里买的，但这一问一答却让这个芬兰男人像打开了什么魔盒，开始滔滔不绝地讲话。

虽然这只是一场随意的闲聊，既不感人肺腑，也不发人深省，但杰茜卡最终完成了与陌生人搭讪的科学实验。

最后，杰茜卡说自己甚至因为在公共场所不停地聒噪而被丈夫警告。

3. 多与同类交流，从中吸取经验教训

除了求助专家，杰茜卡还回忆了自己参加过的人际关系培训班。

培训老师讲的一句话，我也深有同感：孤独被定义为一种健康流行病，与他人共度时光是疗效最显著的治疗方法。我想，这也是我们今天分享的意义所在。

作者在跌跌撞撞地与陌生人交谈失败的挫折中，加入了一个内向者交流群。大家纷纷吐槽自己的心理活动和日常行为，并把自己以为的行之有效的方法分享给大家，包括寻找专业导师指导。

4. 社交与网络

书中这一章挺有意思：通过社交软件寻找好友令人羞耻吗？

这一章先提到了一个研究：年龄和社交圈的关系。你们觉得

什么年龄的人社交圈最大？

一些研究表明，29 岁时我们的朋友最多；而另一些研究表明，25 岁之后，我们开始慢慢失去朋友。30 多岁时，我们的社交圈逐渐缩小，并在余生中持续缩小。

那问题来了：成年人能去哪里交朋友呢？

研究表明，我们花在网络上的时间比以往任何时候都多，我们会登录自己的社交账号，给陌生人的猫和餐具点赞，阅读 24 小时以内的新闻，但所有这些网络链接都让我们变得更孤独。

那杰茜卡是怎么做的呢？她先设计了自己的主业，简介里写好自己的爱好（喜欢看线下戏剧和喜剧，喜欢吃辣，喜欢去舒适的咖啡馆看一本好书），精心挑选了自己的照片（可爱的那种）。

然后，她就开始寻找与自己相匹配的人，并给陌生人发信息，人家没回复她时，她还对着陌生人的头像大喊大叫！

最终，杰茜卡通过社交软件交到了朋友，而且还举行了网友线下见面会。

更厉害的是，杰茜卡出发前还专门洗了个头，争取不迟到。可见，东西方文化里，见重要的人之前，洗头都是对对方重视的一种表现。

5.克服恐惧，定好目标，关键在于行动

其实，每个内向者都是"王者"。当决定改变时，即使性格不变，但竞争力和绽放力却是无限的。比如：收获了自信。

能熟练地与陌生人交谈之后，杰茜卡又通过导师艾丽斯的帮助顺利地站在聚光灯下当众演讲。她侃侃而谈，获得好评。

她事后复盘总结，无非就是做了足够充分的准备工作，反反复复地练习，即使上台不安，也强迫自己开启人生"困难模式"，经历过后自己也变得自信了，内心开始转变。

她再遇到社交场合，会主动出击，不再临时爽约。以前，她跟别人聊天聊得尴尬时，就想说一句："哎呀，我家里的烤箱忘记关了，再见！"然后拔腿就跑了。

后来，她专门请了个魅力教练——理查德。他所从事的研究，认为个体吸引力50%来自先天，50%为后天习得，所以，魅力是任何人都可以将其融入自我个性中的。

经过一段时间的培训，她每次参加活动之前，都会给自己制定几条规则：牢记教练的建议；带着明确的目标；与至少三个人交谈，并努力与其中一个人建立联系。

心理学家说内向的人更慢热，如果在活动开始10分钟内就匆匆离开，就会错失很多社交成功的机会，所以，杰茜卡给自己

设定的目标是：至少待 1 小时。

因为与人有了更多接触，真诚地聊天，结识了新的朋友，也开启了更多人与人之间的缘分，也学会了如何与人交流，也对当下的生活、建立新的社交关系变得自信和从容。

杰茜卡·潘在《走出内向：给孤独者的治愈之书》中，以幽默、生动、风趣的笔调，用自身经历记录下自己所做的尝试：和陌生人搭讪、通过社交软件找好友、主动出击、婚礼演讲、说脱口秀、独自旅行、喜剧表演等，让她变得自信从容，丢下孤独、自卑和敏感，甚至攀上了内向者的"珠穆朗玛峰"——脱口秀。

内向性格未变，她对孤独有了更深的感悟，她变得越来越好，处理起生活中的大小事务越来越游刃有余。她敢于尝试，找到了体验世界的新方式。

当然，这本书中还分享了一些插曲，比如，她在减肥过程中感悟到的关于慢跑的启发，她父亲的心脏病手术，通过社交软件寻找好友等。

这是一本治愈人心的书，阅读该书能给那些被内向困扰而渴望改变的人提供具体思路，在内外向之间切换自如，希望你能做到内向时，静如处子；走出内向时，动如脱兔。

借口是你日渐平庸的安慰剂

一

　　身为一个不太知名的老师，我这些年接触了许多大学生，听到过很多关于"后悔"的话语。

　　"如果我当初再努力一点，就能考上更好的大学，不至于今天在这个烂学校里混日子了。"

　　"如果我早点开始准备考研，就不至于临近考前心里这么没底了。"

　　"如果我当初坚持每天锻炼，也不至于现在身材这么臃肿了。"

　　"如果我当初不是那么任性不懂事，不懂得珍惜，也不至于前男友受不了，最终把我给甩了。"

　　……

　　现实的冰冷和残酷就在于，根本就不存在类似"如果我当初……"这样的假设。

这个世界，人们只关心结果，没人在乎你的"如果"。

二

老家邯郸的一个亲戚听说我从事考研英语辅导，便让正在北京读书的孩子来找我，当面向我请教考研的事情。

我呢？其实挺忙的，要备课、要授课、要写作、要锻炼身体、要喝酒，还要跟朋友吹牛聊天，哪里还有时间去照顾一个素未谋面，更没啥交情的亲戚。

再说了，他虽然考研，但并非我的亲学生。说实话，自己的亲学生还不能"雨露均沾"，又哪有精力去管不相干的旁人呢？

但我好面子，不能直接拒绝，只好说让他过来找我吧！其实，我内心还保留了一点小聪明，心想等他过来找我时，我就告诉他：报个班，听课学习是最好的复习规划。

于是，亲戚的孩子拿到我的联系方式，然后按照约定的时间来找我。

见到我时，我正好与同事在谈工作。于是，我跟那个小伙子打招呼说："不好意思，你先找个座位休息一下，稍等我片刻。"

半小时后，我忙完手头的工作，走到正在玩手机的他身旁，说："我这边的事搞定了，咱们聊聊吧。"

我瞥了一眼，发现小伙子正在刷微博。

我气不打一处来，劈头盖脸地问："你瞧瞧你，都考研的人了，还刷微博？说实话，你要是我的亲学生，我非得把你的脸捏肿才行。"

他笑了笑，说："叔叔，对不起。我知道刷微博、刷朋友圈很浪费时间，但只要一刷，就停不下来……"

我假装生气，板着脸说："首先，喊哥哥就行，别瞎喊什么叔叔。其次，按照你现在这个状态，天天刷手机，我觉得你不用考研了，反正也考不上。"

我猜想，他是第一次见我，估计是出于对长辈的尊重，他没敢反驳，只是悻悻地把手机收起来，说："我错了，错了，您别生气，还是跟我说说考研复习的事吧。"

我说："其实，考研英语最好的复习方式之一，就是跟着课程进行系统学习，毕竟一个老师数十年的经验总结，一定比你几个月的摸索更加高效。"

他笑了笑，说："石老师，其实我已经报了您讲授的课程。我觉得您讲得还不错。"

我说："什么叫'讲得还不错'？明明是讲得还凑合。"

说完，我放肆地笑了起来。

他也笑了，说："天哪！以前是隔着屏幕听课，听您让人治愈的笑声。今天，是看着真人，还听到了您如此销魂的笑声，感觉好亲切。"

我说："既然已经在听课了，其实绝大部分问题，在课上已经解答过了。你有什么疑问？你赶紧说，我时间有限。"

他啰里啰唆地说了几句，大致的意思是：现在自己很焦虑，落下了很多课没有听，专业课背了忘，忘了背；感觉心里越来越没底，越是焦躁，越是学不下去。

我无奈地笑了笑，说："其实，我在课堂上已经解答过，你现在的问题在于你想得太多，听课太少；满是焦虑，却没有行动。"

他点点头，问："那我该怎么办？"

我问："你怎么来的？"

他说："坐地铁来的。"

我问："在地铁里，看书或听课了吗？"

他说："没有。"

我说："你的回答表明，你真的没好好听课。因为我在课上反复强调，要把所有能用的碎片时间利用起来，包括走路、吃饭、坐车，甚至蹲坑时都要听课、学习或背书。"

他说："这些我好像听您在课上讲到过。"

我说："我算是白讲了，因为你只是听听，但没有行动啊！"

再后来，我便也没心情跟他继续聊下去，再多的鼓励，没有行动，一切都是徒劳。

时间是宝贵的，只能把这宝贵的时间投入更重要的事情上；而他，也更应该把有限的时间投入最重要的考研备考中去。

三

在我们的生活中，有太多的人过着太多假装努力的生活。

上午打开要看的书，拍张照片，顺手发了个朋友圈，给别人看自己已经看书学习了，仅此而已。即便翻了几页书，还是情不自禁地拿起了手机，看了看别人给自己的评论和点赞，然后一个小时过去了，一上午的时间就这样过去了。

结果看书一分钟，看手机一小时。

昨天还信誓旦旦要控制饮食，要锻炼身体，要瘦身成为一道闪电，可一看到好吃的，就像小鹿撞怀，心怦怦直跳。于是，告诉自己：先吃饱了，才有力气减肥！最终，吃了顿大餐，顺手发了朋友圈，还配着类似"好好生活、好好爱自己"的文字。

这样的人，用所谓的借口，一次次麻痹自己的意志和决心后，又以宽慰的语气警告自己："下次一定不能这样了。"

"给自己找借口"这种行为，尝试了第一次，就想着有第二次，次数多了，借口就成了你日渐平庸时最好的安慰。

19世纪中期俄国批判现实主义作家、政治思想家、哲学家列夫·尼古拉耶维奇·托尔斯泰在其旷世奇作《安娜·卡列尼娜》中写道："所有幸福的家庭都是相似的，不幸福的家庭各有各的不幸。"

我想这句话也同样适用于人：所有成功者的成功都是相似的，所有失败者的失败各有各的借口。

别问我为啥这么懂，毕竟我也是过来人，但我依然想提醒你的是：如果你三番五次地给自己的失败、懒惰、丑、穷找各种心安理得的借口，我只能无比佩服地对你说一句："真够狠的，你连自己都骗。"

如果你想要"以自己喜欢的方式过一生"，就别老给自己找那些所谓的借口，因为成功者只为成功找方法，失败者才喜欢为失败找借口。

为什么最坏的情绪给最亲的人

一

秋日的一个下午，我正坐在工位上奋笔疾书；苦思冥想之际一瞥眼，看到一个女孩面带微笑、步履轻盈地朝我走来。

我扭头看了看四周，没其他人，她确实是冲我微笑。这一次，我注意到她手上还拎着一个黄色纸袋子，"鲍师傅"三个大字很明显。

我很激动，我跟人家素未谋面，人家只是听我讲过几次课，能来看我，说明她懂事；来的同时，还不忘给我带点儿好吃的，说明这孩子非常懂事呀！

闲聊了几句后，我知道她是正在听四级课程的学生。她说自己家离得不远，为了能见到石雷鹏老师真人，专门打车过来的，足足花了20大洋。

我呢？在确认糕点是给我吃的之后，就毫不客气地开始吃，边吃边夸她懂事和糕点好吃。

看着没心没肺、专注吃东西的我，她怯怯地问："彦祖老师，有个问题……"

我说："边吃边聊。让我猜猜什么问题，是不是失恋了？"

她说："不是情感问题。"

我问："要考研了，但不知道该选什么学校和专业了？"

她说："不是学业困惑。"

我说："那我可能解答不了你的问题。"

她说："那算了吧！"

我笑了笑，说："逗你玩呢。你说说，不一定有标准答案，但还是可以给点儿建议的。"

她说："我在家跟父母说话时，总是不自觉地带着情绪，不耐烦、发脾气，有时还大喊大叫，明知道这样不好，尽量避免，可是依然控制不住，每次事后又特别后悔。"

我说："后悔，有什么用？下次不犯同样的错误不就好了？"

她尴尬地笑了笑，说："您怎么知道，我下次还会是这个德性！"

我说："哈哈，因为我也曾经跟你一样过。"

她说："天哪！我一直以为，像您这么幽默风趣、有智慧的人，肯定不会跟我一样。"

我说："这是讽刺我，还是夸我？"

她说："都不是，只是安慰自己。其实，我面对外人时，还算是情绪稳定，知道分寸感，但一旦跟爸妈交流，就像变了一个人。您说，我是不是耗子扛枪——窝里横？"

我说："你这个描述还挺准确。我听说有些独生子女从小被父母宠爱惯了，就是这个样。"

她点了点头，说："可能有这个原因吧。我还觉得，我爸妈什么都要管，什么都要问。"

我说："建议你回去跟你爸妈认真商量一下，让他们生个二胎，这样就转移了注意力，你或许就解脱了。"

她一听咯咯笑起来，说："可不能这样。"

我说："为啥？"

她说："这样的事更多。您是不知道呀？我婶子前年生了二胎。然后，我读大一的堂弟差点儿疯了，喂奶、哄娃、带孩子去打疫苗等全都成了他的事。他稍微抱怨一下，婶子就骂他没良心，不知道体恤父母，不知道关爱弟弟。"

我说："生之前没跟你弟商量吗？"

她说："商量了呀，我弟那时还是太天真了，以为与自己没啥关系，还想着有了小孩自己就相当于多个玩具。"

　　我吃完了最后一口糕点，说："好吧，谢谢你送我的鲍师傅，但我提的第一条建议已经夭折了。"

　　她笑了笑，说："您不能白吃，再给点儿建议吧。"

　　我想了想，说："你看，你跟我说话，情绪稳定；我跟你说话，情绪稳定；我们跟父母说话，有时就会烦，没有耐心。所以，我觉得可以把父母当外人，假装他们不是父母，毕竟跟外人说话时就有所顾忌，就会有分寸感。"

　　她边笑边点头，说："感觉很搞笑，但好像有点儿道理。"

　　我笑了笑，说："收起你那丰富的想象力吧！你也不想想，你要是回家后，突然跟父母说话特别客气，还彬彬有礼的，他们会不会觉得你受了啥刺激了？"

　　她笑了笑，愣在那里……

二

　　我曾经描述过很多同学放假回家之后的生活状态：第一周，母慈子孝；第二周，鸡飞狗跳……

　　很多同学在评论里说："太真实了。"还有很多人说："如果把'周'换成'天'，就更贴切了。"

越是在亲密的关系里，越是容易肆无忌惮地渲染自己的情绪。被偏爱的人往往都有恃无恐，恋爱之中的人如此，亲子关系之中也不例外。

我想了很久，虽然我在这个方面处理得也不算完美，但至少还不算糟糕。于是，写了几点建议。

第一，先解决情绪，再解决问题。

想一下，你会因为什么事，在父母面前表现得不耐烦，甚至发脾气？

如果都是一些鸡毛蒜皮的小事，你就担待一下父母吧。你说你连个对象也没带回家，有啥窝里横的资本呢？

如果父母要求很"过分"，甚至超出了你能容忍的底线，我认为：发脾气、生气是可以理解的，但能在稳定情绪后再发脾气，更厉害。

比如，你喜欢白净、高瘦、说话文绉绉的男生，你妈妈非得逼着你跟一个油腻胖子谈恋爱，或许只是因为对方工作好，家庭条件好，这时的你确实应该严词拒绝。即便是发了脾气，也要在情绪稳定之后，让父母知道你的底线。

只有解决了情绪问题，才能将注意力放在解决具体的事上。

第二，正视差异，不着急去否定。

如果你的父母让你恼怒的事情，基本都是一些生活细节，且因为你和他们的思考和行为方式不同，那么请你先告诉自己：他们的行为和想法，和他们的年纪及经历相关，你要理解差异存在的客观性。

比如，之前有个同学说，她妈妈每天在家刷抖音，而且看的都是一些低俗的内容。她跟妈妈吵了好多次，也没啥用，很苦恼。然后问我，该怎么办？

我呢，本来想问问她妈妈看的是什么低俗内容，但想了想，告诉这个同学：你觉得低俗的东西，你妈可能觉得有趣，理解和接受程度不同而已。

你想一下改变他们，真的很难。既然很难，那就不要期待一下子能说服他们，要么站在尊重差异和年龄代沟存在的角度，一笑而过；要么就告诉自己，立长志，一点点去改变他们。

记住：遇到问题，正视差异，不着急去否定，更不要用情绪去碾压。

第三，如果做不到好好说话，就暂时不说话。

如果你发现自己经常对父母或亲密之人莫名发火，你必须得问问自己：除了发火，还有没有更好的选择？比如，下次再想发脾气时，可不可以先做几个深呼吸，让自己冷静5到10秒钟，问问自己：如果做不到好好说话，可不可以暂时不说话，至少不说伤害人的话？

如果不得不说，也可以告诉父母："我现在情绪不好，给我几分钟冷静一下，等我理顺了，再聊聊自己的想法，可以吗？"

第四，强大自己，走出原生家庭的影响。

如果你身处原生家庭的阴影之中，万分痛苦，你需要的是找一个单独的空间，给自己一个告别仪式。

你要告诉自己：无论父母早年做得有多不好，现在的你，要做的不是去回味过往的痛苦，而是要让自己更强大，因为只有当你能力强悍，内心强大，你才能站在更高更远的地方，你才会像鸟一样飞往你心中的山，去感受生命的无限可能。

三

幸福的童年，治愈一生；不幸的童年，用一生去治愈。在父母眼中，我们即便长大成人，也依然是个孩子。

小时候，我父亲曾经问我："你理想中的父母是什么样子？"

我说："也没啥要求。"

他说："你具体点儿，我努力做到。"

我想了想，说："有钱、有权、有势、有知识、有能力、有阅历、幽默、脾气好、尊重我、理解我、支持我、我要什么就能给什么……"

我还没说完，他就起身走了。

我以为他是因为没能成为我眼中的理想父亲而惭愧，结果，他转头就回来，手里还拎着一本厚书，假装要揍我，嘴里还嘟囔着："你个没良心的东西，当你爸，我还得修炼成仙。"

我赶紧改口，说："您就是我理想中的爸爸，长这么大还没见过这么好的老爸。"

谁的人生不是一边告别一边前行

一

飞驰成长的各位朋友，大家好！

今天来了很多人，可能有人还不太熟悉我。所以，请允许我先简单地进行一下自我介绍。

我的奶名叫纯洁的彦祖，我妈从小就这么叫我，但很多同学说我长得像李尚龙，滚你的吧！我跟他关系也挺一般的。

我自许有三个身份，第一是个知名教师，这个是真的，因为我从2008年起就开始讲授四、六级和考研英语写作的课程，转眼之间已经有十几年的教学经历。第二，我本人还是个畅销书作家，写了一本书，名字叫《永远不要停下前进的脚步》，这个身份，还算说得过去。第三，我还自许是个演员，曾经在若干小电影之中扮演过一些小角色，都是很正常的那种，最开始演过大学的辅导员，也没干什么，就是收了点儿学生的礼；后来还在网剧《刺》中演过高中的生物老师，因为正面镜头只有三秒，居然被亲切地称为"石三秒"。

借着飞驰之夜的场子，跟大家通告一下，今年我作为演员，有新作品和大家见面，我出演的网剧《人设》即将播出，我在其中扮演男十八号。

听尚龙说，今天来了很多影视公司的老板，我现在演员经纪约是空白的，各位可以考虑一下，我很便宜的，这个戏播了之后，我就要涨价了。

二

很多人都知道，过去一年，我有很大的改变。今天我跟大家分享三条不敢说的话，所以，我不是石三秒，我是石三条，但我演戏都是一条过，是石一条。

第一，我喜欢装嫩。

过去我经常大言不惭地宣称自己是个 2000 年 1 月 1 日出生的千禧年宝宝，但实际上肯定没这么小，现场的朋友看面相，可以猜猜我多大了！猜我 50 多岁的那位大哥，请你给我出去。

今天，跟大家透露一下。在过去的一年，还没到 40 的我，生活已经开始有点儿忙乱，忙着去医院看病，之后在医生的要求下开始跑步、健身、早睡早起。

当然，也在读书、听课和学习。前半年，酒没怎么喝，因为没有见龙哥。当然，还有一个小原因，肠胃、肝脾和免疫系统出了一些问题，医生规劝我说："要克制一下，如果还想继续喝，最近还是不能见龙哥。"

我也不知道那位戴着口罩看起来温柔美丽的女医生到底是吓唬我，还是跟我开玩笑，抱着不想英年早逝的心态，我算是有了一些改变：管住了嘴、迈开了腿。

前半年，我已经累计瘦了 10 斤多。跑步一次性 5~8 公里，都是小菜一碟，标准的俯卧撑一口气能做 20 个了，标准的引体向上（不摆腿不晃身体）也能一次性拉 4 个了。体能恢复的同时，肱二头肌和胸肌已经很结实，腹肌也隐约可见。

第二，过去的一年，我换了工作。

这几天，我一直在直播这个新领域试水。其间，很多同学问："你为什么离开考虫？"

我说："一般人离开，要么是人不对，要么是事不对，要么是钱不对。我呢，三个都不对，所以选择离开了。"

坦诚讲，过去的半年，我很长一段时间都处在躺平的状态。

每天的日子，虽然不至于堕落，但也着实好不了太多，躺平了好几个月。

转变发生在 2021 年的 8 月，随着"双减"政策的出台，教培行业迎来了一次颠覆式的洗牌。

先是 K9 学科培训整个行业被"团灭"，数百万（也有数据说是近 1000 万）教培行业的从业者直接没了工作。

一开始，看到这一情况的我，并没有多大感触，毕竟，我这么与众不同，裁员这样的事，怎么可能跟我有关系呢？强者从来不用考虑环境。

但是，2021 年 11 月 1 日的深夜，我跟尚龙老师参加完了某个酒局，回到我居住的小区时，我抬头看了一眼夜空。

星空浩瀚，明月高悬，夜景实在太美，我驻足仰望。几分钟后，一颗流星闪现，我还没来得及许愿，它已划过星际消失在夜空。

那一刻，我突然想到：那些由于"双减"被裁掉的人是不是也在看这颗流星？他们今天被裁掉，明天会不会轮到我？

流星虽美，却太短暂，太阳则不同，它每日陪伴我们，虽然它升了又落，却总是带给人新的希望和温暖。我不要成为短暂的流星，我要成为太阳，我的日子应该像太阳一样朝气蓬勃。

三

我决定走出躺平的日子，看看外面的世界。

后来，几经辗转，我接触到了现在就职的公司橙啦。

但到最后要拍板决定去留时，我还是犹豫了，因为如果选择继续躺平啥也不干，也能挣到钱，而走出去则意味着更多的不确定性。

正在我犹豫不决的关键时刻，新公司的老板张爱志说出了一句特别令我感动的话，就是这句话让我下定决心跟他干。

他说："我给你开两倍的工资！"

我听完，热泪盈眶，说："你怎么不早说？"

当然，我最终选择橙啦，不仅是因为钱对了，而且事也对了。这和我跟尚龙刚开始做考虫时的感觉是一样的。这一刻，我感觉又回到了青春时。我喜欢这种从 0 到 1 的感觉，不，这种从 0 到 1 创业的感觉。

所以，最近，如果你刷抖音的话，或许经常看到，午夜时分身着骚气的秋衣秋裤，端着红酒杯直播的身影，那就是我。请关注一下我的抖音账号：石雷鹏老师。

因为这是一家新型创业公司，所以新公司平台不大，还没有什么名气，请各位朋友多多帮着宣传。橙子的橙，拉手的拉，不对，啦啦队的啦。

今天，橙啦的老板张爱志也来到了现场。爱志，请跟大家打个招呼。

爱志，在今天这样的一个公开场合，我想认真地跟你说：别客气。我来到橙啦，是橙啦最大的荣幸。

最后，我也想跟其他教培行业从业者说两句真心话。

昨日的北京，大雪飘舞了整整一天，是春寒料峭，也是乍暖还寒。

过去的 2021 年，也是教培行业的寒冬。数百万教育培训行业的老师们加入了失业大军之中。目前看，这股失业大军还在像一股洪流一样冲击着其他行业。

比如，我的表弟去年报考北京市某部门公务员，初试成绩第一，复试被刷掉了。

心有不甘的他，今年又考了一次。前两天出分时，我问他："考得如何？"

他说："今年成绩不错，比去年多考了 15 分。"

我说："恭喜你！加油准备复试，期待你上岸的好消息。"

他笑了笑，说："恭喜啥呀，今年都没进复试。"

我问："不是比去年多考了 15 分吗？怎么没进复试？"

他说："教培行业的老师都失业了，他们太擅长考试了，结果我的分今年才排第四，前三名进复试。"

我说："不一定是教培行业的吧。他们教中小学，不一定擅长公务员考试。"

表弟说："复试公告都出来了，他们原工作单位都是什么新东方、好未来，我们哪有未来呀？"

2022 年 2 月，研招网公布了考研国家线。结果，13 个学科门类的总分和单科国家线，除农学外，都暴涨了 10 到 15 分。要知道，往年涨个三五分都很罕见。

事实证明，拥有一技之长多么重要，因为只要拥有一技之长，即便遭遇穷途末路，也有奋力一搏并改变人生的实力。

那有人问："我没有一技之长，怎么办？"

我们做了这么多年的教培行业的老师，总是在教育学生要努力学习。我们自己为什么做不到呢？

比如，一个学生告诉我，他的同学就是从教培行业出来的考试大佬，本科是上海交大，读书时就开始兼职做辅导老师，毕业后直接被一线城市的 TOP 辅导机构挖走，年薪数百万。得知"双减"后，他没有丝毫悲伤和犹豫，立即着手听课学习，准备考研，初试成绩 400+，现在准备复试中。

厉害吧？所以，不得不说，活到老，学到老。可是大多数教培行业的人，都忙着教育别人，忘记了教育自己。

我和尚龙都是这场风波中转型很成功的人，我们两个人都有一个共性，就是一直在学习。

昨天，尚龙跟我说："飞驰之夜，要办十年+。"

我希望明年能够再见到大家，我希望明年再见到大家的时候，我们都能变得不一样。我也会带着我的新书和新课在飞驰跟大家见面！

按照宋方金老师的逻辑，他演讲结束后总会念首诗，那么，今天我不念了。

谢谢大家！

（注：飞驰学院成立一周年大会上演讲的内容。飞驰学院是由著名作家李尚龙创立，专门解决青年人成长困惑，并进行知识传播的线上课程平台。）

© 民主与建设出版社，2024

图书在版编目（CIP）数据

走向上的路 / 石雷鹏著 . -- 北京：民主与建设出
版社，2024.6
ISBN 978-7-5139-4596-7

Ⅰ . ①走… Ⅱ . ①石… Ⅲ . ①情绪 - 自我控制 - 通俗
读物 Ⅳ . ① B842.6-49

中国国家版本馆 CIP 数据核字（2024）第 087839 号

走向上的路
ZOU XIANGSHANG DE LU

著　　者	石雷鹏	
选题策划	姜得祺	
责任编辑	郭丽芳　周　艺	
装帧设计	果丹设计	
出版发行	民主与建设出版社有限责任公司	
电　　话	（010）59417749　59419778	
社　　址	北京市海淀区西三环中路 10 号望海楼 E 座 7 层	
邮　　编	100142	
印　　刷	北京盛通印刷股份有限公司	
版　　次	2024 年 6 月第 1 版	
印　　次	2024 年 6 月第 1 次印刷	
开　　本	880 毫米 ×1230 毫米　　1/32	
印　　张	7	
字　　数	120 千字	
书　　号	ISBN 978-7-5139-4596-7	
定　　价	56.00 元	

注：如有印、装质量问题，请与出版社联系。